KLAUS SCHWARZ

Entwicklung, Stand und Verbesserungsmöglichkeiten der Abwasserlandbehandlung in Deutschland

unter besonderer Berücksichtigung der weiträumigen Verwertungsanlagen

WISSENSCHAFTLICHE ABHANDLUNGEN

Nr. 45

Entwicklung, Stand und Verbesserungsmöglichkeiten der Abwasserlandbehandlung in Deutschland unter besonderer Berücksichtigung der weiträumigen Verwertungsanlagen

von

KLAUS SCHWARZ

Mit 13 Abbildungen, 28 Tabellen im Text und XII Tabellen als Anhang

DEUTSCHE AKADEMIE
DER LANDWIRTSCHAFTSWISSENSCHAFTEN ZU BERLIN

AKADEMIE-VERLAG · BERLIN
1960

Anschrift des Verfassers:

Prof. Dr. agr. habil. KLAUS SCHWARZ

Potsdam, Mauerstraße 8

Die vorliegende Arbeit wurde von der Landwirtschaftlich-Gärtnerischen Fakultät der Humboldt-Universität Berlin am 15. 1. 1958 auf Grund der Gutachten der Herren Professoren Dr. Baumann und Dr. Seidemann als Habilitationsschrift angenommen

1960

Herausgegeben von der Deutschen Akademie der Landwirtschaftswissenschaften zu Berlin

Vorgelegt von Herrn Prof. Dr. Busch, Dresden, und Herrn Prof. Dr. Olbertz, Rostock

Erschienen im Akademie-Verlag GmbH, Berlin W 1, Leipziger Straße 3-4

Lizenz-Nr. 202 · 100/699/60

Kartengenehmigung: MdI der DDR Nr. 5463

Satz, Druck und Bindung: IV/2/14 · VEB Werkdruck Gräfenhainichen · 1276

Bestellnummer: 2068/45

Printed in Germany

ES 22 D/20 E 7

INHALT

1. Einleitung 7

2. Entwicklung, Umfang und derzeitiger Stand der Abwasserlandbehandlung in Deutschland 9
   - 2,1 Allgemeiner Rückblick auf die Entwicklung der Abwasserwirtschaft . . . 9
   - 2,2 Die Rieselfelder 13
     - 2,21 Entwicklungstendenzen, Bau- und Betriebsangaben 13
     - 2,22 Beurteilung der Leistungsfähigkeit 18
   - 2,3 Die weiträumige Abwasserlandbehandlung 20
     - 2,31 Beweggründe, Kennzeichen, Vorteile 20
     - 2,32 Bau- und Betriebsangaben 22
   - 2,4 Der derzeitige Stand der Abwasserlandbehandlung 27
     - 2,41 Die Situation in der DDR 27
     - 2,42 Die Verhältnisse in der Bundesrepublik 31
     - 2,43 Zusammenfassung statistischer Angaben sowie gesetzlicher Unterlagen 36
   - 2,5 Die Stellung der Abwasserlandbehandlung im Rahmen der Land- und Wasserwirtschaft 40
     - 2,51 Ihre Bedeutung als Meliorationsmaßnahme 41
     - 2,52 Ihr Anteil an der Lösung des Abwasserproblems 42

3. Erfahrungen über die Verwertungsbedingungen und -verhältnisse in den weiträumigen Abwasserlandbehandlungsanlagen der DDR 47
   - 3,1 Die Eignung der natürlichen und landwirtschaftlichen Ausgangsbedingungen 47
     - 3,11 Die Standortfrage 47
     - 3,12 Die landwirtschaftlichen Ausgangsverhältnisse 54
   - 3,2 Die technischen Voraussetzungen 59
     - 3,21 Die Abwasserverhältnisse 59
     - 3,22 Der Zustand und die Eignung der technischen Anlagen 63
   - 3,3 Die Organisation und Durchführung des Verwertungsbetriebes 74
     - 3,31 Die derzeitige Bewässerungsintensität 75
     - 3,32 Die organisatorische Gestaltung des genossenschaftlichen Bewässerungseinsatzes 78
     - 3,33 Die Lenkung und Überwachung des Vorwertungsbetriebes 84
   - 3,4 Die landwirtschaftliche Ausnutzung des Abwassers unter den verschiedenen Standortsverhältnissen 86
     - 3,41 Anbau und Ertragsleistung auf dem Bewässerungsland 87
     - 3,42 Anpassungsstand und -möglichkeiten der landwirtschaftlichen Betriebe an die Abwasserverhältnisse 94

3,421 Die Verwertungsgebiete mit vorherrschend schwerem Boden . . 95
3,422 Die Betriebsentwicklung in Gebieten mit leichten Böden . . . 96
3,423 Die Gebiete mit mittleren Bodenverhältnissen 99
3,5 Erfüllungsstand der hygienischen Anforderungen sowie der Abwasserreinigung 103
3,51 Die ganzjährige Abwasserabnahme, ihr derzeitiger Stand und ihre Verbesserungsmöglichkeiten 103
3,52 Die Berücksichtigung der hygienischen Forderungen 108
3,6 Schlußfolgerungen und Verbesserungshinweise für die Betriebsführung und Planung 112
4. Zusammenfassung 121
5. Literaturverzeichnis 127
6. Anhang: Tabellen I–XII 136

1. EINLEITUNG

Ohne die Erfolgsmöglichkeiten anderer landwirtschaftlicher Maßnahmen für die weitere Erhöhung der Erträge einschränken zu wollen, kann die Bewässerung auf Grund der vorliegenden wissenschaftlichen und praktischen Erfahrungen für sich in Anspruch nehmen, bei einem sinnvoll durchgeführten Einsatz zu den aussichtsreichsten Maßnahmen für eine weitere Leistungssteigerung der deutschen Landwirtschaft zu zählen. Eine immer deutlicher zum Ausdruck kommende Tatsache ist es aber auch, daß ihre Wirtschaftlichkeit und zukünftige Ausdehnung in entscheidendem Maße von der Bereitstellung der erforderlichen Wassermengen abhängig ist und die Lösung dieser Aufgabe einer engen und verständnisvollen Zusammenarbeit zwischen Landwirtschaft und Wasserwirtschaft bedarf. Bereits heute können zahlreiche Bewässerungswünsche im mitteldeutschen Raum nicht erfüllt werden, und der rationellen Ausnutzung des Binnenkreislaufes des Wassers mit Hilfe eines mehrfachen Wasserumschlages kommt eine entscheidende Bedeutung zu.
Unter dieser landwirtschaftlich-wasserwirtschaftlichen Perspektive verdient die Abwasserlandbehandlung mit ihrer kombinierten Aufgabenstellung als Landeskulturmaßnahme sowohl im engeren als auch im weiteren Sinne besondere Beachtung. Sie hat seit ihrer Einführung in Deutschland eine ständige Weiterentwicklung erfahren, wobei entsprechend der immer stärkeren Ausprägung des Meliorationsgedankens der Übergang vom einseitigen Abwasserreinigungsverfahren zum kombinierten Verwertungsbetrieb als die wichtigste, aber auch schwierigste Etappe angesehen werden muß. Nicht immer wurde hierbei das gesteckte Ziel voll erreicht, und es gilt noch heute aus den Erfahrungen, die in den letzten 25 Jahren mit dem weiträumigen Verwertungsverfahren gemacht wurden, zu lernen und für die Einrichtung künftiger Anlagen die entsprechenden Schlußfolgerungen zu ziehen. Auch fehlte es nicht an Stimmen, die sich auf Grund von Mängeln in der ganzjährigen Abwasserabnahme bei einigen Anlagen gegen das Verwertungsverfahren aussprachen, wozu die Tendenz der landwirtschaftlichen Abwasserausnutzung um jeden Preis leider Vorschub leistete. Um die hierdurch und durch die Auswirkungen des Zusammenbruches bedingten Mängel zu beseitigen sowie hierauf zurückzuführende Vorbehalte zu entkräften, kommt es in erster Linie darauf an, die Möglichkeiten und Grenzen des Landbehandlungsverfahrens in Abhängigkeit von den Standortsverhältnissen klar zu erkennen und der Forderung nach einer den natürlichen und landwirtschaftlichen Verhältnissen angepaßten Einrichtung und Betriebsführung der Anlagen durch eine enge Zusammenarbeit zwischen Techniker und Landwirt zu entsprechen.

Hierfür die entsprechende Unterlagen auf Grund der bisherigen wissenschaftlichen und praktischen Erfahrungen zu liefern, stellt sich die vorliegende Arbeit zur wesentlichsten Aufgabe. Im Interesse einer möglichst umfassenden Bearbeitung wird zunächst ein geschlossener Überblick über die Entwicklung, den Umfang und den derzeitigen Stand der Abwasserlandbehandlung unter besonderer Berücksichtigung der jüngsten Entwicklungstendenzen in beiden Teilen Deutschlands gegeben. Anschließend werden die 28 zur Zeit in der Deutschen Demokratischen Republik bestehenden weiträumigen Anlagen einer eingehenden Analyse im Hinblick auf ihre Verwertungsvoraussetzungen und Leistungen unterzogen, wobei der standörtlichen Betrachtung aller landwirtschaftlichen Fragen, einer auf die Belange der Landwirtschaft, Wasserwirtschaft und Hygiene ausgerichteten Einrichtung der technischen Anlagen sowie bewässerungsorganisatorischen Gesichtspunkten besondere Aufmerksamkeit geschenkt wird.

Die sich aus der kritischen Gegenüberstellung guter und weniger günstig zu beurteilender Anlagen ergebenden Schlußfolgerungen lassen unter Berücksichtigung neuerer wissenschaftlicher Erkenntnisse eine Reihe von Vorschlägen für die Betriebsverbesserung in den bestehenden Anlagen sowie zahlreiche Feststellungen und Hinweise für die zweckmäßige Auswahl und Einrichtung von neuen Vorhaben zu. Sie sollen dem Bewässerungslandwirt und Techniker als Arbeitsunterlage für die bevorstehenden Aufgaben dienen, dem Wasserwirtschaftler und Hygieniker eine Erklärung für bisweilen aufgetretene, jedoch zu verhindernde Schwierigkeiten geben sowie der Abwasserlandbehandlung zur Erlangung der ihr zukommenden Bedeutung im Zuge der weiteren Entwicklung unserer Landwirtschaft und Wasserwirtschaft verhelfen.

2. ENTWICKLUNG, UMFANG UND DERZEITIGER STAND DER ABWASSERLANDBEHANDLUNG IN DEUTSCHLAND

2,1 Allgemeiner Rückblick auf die Entwicklung der Abwasserwirtschaft

Verfolgt man die geschichtliche Entwicklung der Wasserwirtschaft, des Wasserbaues und der Landeskultur, so wurde bereits um 2500 v. Chr. in den größeren Städten Babyloniens und Assyriens mit der Einführung der Wasserversorgung auch dem Problem der Abwasserabführung eine gewisse Aufmerksamkeit geschenkt. Ausgrabungen lassen mit Sicherheit darauf schließen, daß nicht nur Wasserleitungen, sondern auch Einrichtungen zur Abwasserableitung in Form von Rohrsystemen und Senkgruben zur damaligen Zeit vorhanden waren [109].
Diese Anfänge verdichteten sich in der Folgezeit besonders durch die klassischen Bauten in den Mittelmeerländern erheblich. Vor allem waren es die Wasserversorgungs- und Entwässerungseinrichtungen von Rom (cloaca maxima) und Athen, die nicht nur den hohen Stand der damaligen Technik, sondern auch das Bestreben nach hygienisch einwandfreien Verhältnissen erkennen lassen. Von besonderem Interesse ist, daß man in Athen damals bereits den Verwertungsgedanken aufgegriffen hat. Das anfallende Abwasser wurde hier mit dem Flußwasser des Kephissos vermischt und zur Bewässerung der stadtnahen Ländereien verwendet [46].
Wie auf anderen Gebieten, so auch im Abwasserwesen weist die Chronik dann bis weit in das Mittelalter hinein nur ganz sporadisch Aufzeichnungen über einzelne Vorhaben und Entwicklungen auf. Die Städte mit ihrer geringen Bevölkerungsdichte überließen die Wasserbeschaffung den Bürgern selbst und für die Abwasserabführung und -beseitigung empfand man auf Grund der bescheidenen hygienischen Ansprüche keine Notwendigkeit. Lediglich Ansätze zur Speicherung der häuslichen Schmutzstoffe auf den jeweiligen Grundstücken in Hausgruben als 1. Stadium der Abwasserwirtschaft sind zu erkennen [35]. Im übrigen half sich jeder mit seinem Unrat, wie er eben konnte. Das Abfallmaterial häufte sich dementsprechend in den Wohngebieten und die Städte und Siedlungen wurden zu einer Brutstätte für Krankheitskeime, von deren Ausmaß sich der moderne Mensch kaum Vorstellungen machen kann. Lediglich in einigen Klöstern und Schlössern des Deutschen Ritterordens war man um die Beseitigung der Abfallstoffe besorgt und traf durch Anlage von Klärgruben entsprechende Vorkehrungen [176]. Eine rühmliche Ausnahme machte auch die Stadt Bunzlau, wo dank besonders günstiger Umstände schon im Jahre 1559 die ersten Kanäle zur Aufnahme der Haus- und Küchenabwässer aus Sandstein gemauert worden sind. Erstaunlicherweise wurden hier ferner bereits

Bodenflächen zur Reinigung des Abwassers herangezogen, so daß Bunzlau als eigentliche Ursprungsstätte der Abwasserlandbehandlung anzusehen ist.
Zu Beginn des 19. Jahrhunderts fanden mit dem Anwachsen der Städte und der Erhöhung der kulturellen Ansprüche die Fragen der Wasserversorgung und auch der Abwasserbeseitigung eine breitere Beachtung. Verschiedenenorts wurde mit dem Bau zentraler Wasserversorgungsanlagen begonnen, die Technik beschäftigte sich stärker mit den sanitären Problemen und schaffte neben dem Spülabort (1810) Badeeinrichtungen, die ihrerseits eine wesentliche Erhöhung des Wasserbedarfes und auch des Abwasseranfalles zur Folge hatten. Diesem sprunghaften Anstieg waren die z. T. vorhandenen Gruben für die Aufnahme der Fäkalien nicht mehr gewachsen und der Überschuß wurde in die zunächst für Regenwasser vorgesehenen Straßenrinnen eingeleitet. Die Mißstände wurden somit von den einzelnen Grundstücken in die Straßen, also in den Bereich der öffentlichen Hand verlegt (2. Stadium).
Infolge der sich hieraus für den Verkehr und das öffentliche Leben ergebenden Unzuträglichkeiten sahen sich daher die verschiedenen Verwaltungen gezwungen, eine Umwandlung der offenen Gräben in unterirdische Kanäle vorzunehmen [142].
Der Ausbau der Kanalisation nahm damit seinen Anfang. Er erfuhr entsprechend dem hohen Kostenaufwand eine nur langsame, aber trotzdem stetige Weiterentwicklung, wozu zu bemerken ist, daß die Kanäle zunächst ohne jedes System angelegt wurden und man lediglich bemüht war, auf kürzestem Wege ein öffentliches Gewässer zur Abwassereinleitung zu erreichen. Mit der Einführung der Schwemmkanalisation wurde die Abwasserabführung aus den Siedlungen zwar technisch gelöst, nicht aber die gesamte Abwasserfrage, da ja nur eine Verlagerung auf die Wasserläufe stattfand. Sie wurden in zunehmendem Maße mit Schmutzstoffen angereichert und konnten bereits in einigen Fällen nach kurzer Zeit den Anfall aus den Schwemmkanälen nicht mehr ohne Störung ihres biologischen Gleichgewichtes und wasserwirtschaftliche sowie landeskulturelle Beanstandungen aufnehmen. Aus einer Angelegenheit der Städtehygiene entstand als 3. Stadium in der Entwicklung der Abwasserwirtschaft das Problem der Gewässerverschmutzung, welches sich durch den sprunghaften Anstieg von Gewerbe sowie Industrie und deren Abwasseranfall von der Mitte des vorigen Jahrhunderts ab bis zur heutigen Zeit ständig vergrößert hat.
Einen erheblichen und für die Lösung der immer vordringlicher gewordenen Abwasserreinigungsfrage entscheidenden Schritt stellte in dieser Situation die Einführung des in England systematisch entwickelten und in größerem Umfange erprobten Verfahrens der Abwasserlandbehandlung dar; zeigten doch die mit Abwasser beschickten Craigentinny Wiesen bei Edinburgh und die Rieselfelder von Ashburton und Devon, daß es möglich ist, auch unter humiden Klimaverhältnissen die Landflächen ohne allmähliches Nachlassen der Reinigungskraft des Bodens mit Abwasser zu beschicken und zudem die Ertragsverhältnisse günstiger zu gestalten. Es bahnte sich somit ab 1842 eine Entwicklung an, die durch die Ansicht von JUSTUS V. LIEBIG, nach der diejenigen Länder, deren Städte ihre Dungstoffe in Flüsse ableiten, mit der Zeit nährstoffmäßig völlig verarmen müssen, noch

stärkere landwirtschaftliche Impulse erhielt. Sie führte in England zum Bau zahlreicher Anlagen. Interessant ist, daß hierbei bereits aus hygienischen Gründen von AUSTIN [nach 35] der Vorschlag unterbreitet wurde, die suspendierbaren Stoffe vor der Berieselung im Sinne der heutigen Vorklärung auszuscheiden.

In Deutschland waren es zunächst Danzig und Berlin, die auf Grund der günstigen englischen Erfahrungen 1869 die Möglichkeiten einer Abwasserreinigung mit Hilfe des Rieselverfahrens einer eingehenden Überprüfung unterziehen ließen. Auf Veranlassung von Virchow und Hobrecht wurde noch im gleichen Jahr ein Versuchsfeld in Tempelhof eingerichtet und auf diesem die Grundlagen für den 1873 begonnenen Bau der Berliner Rieselfelder geschaffen [140]. Diesem Beispiel folgten zunächst nur wenige Städte, da die Kosten für die Geländebeschaffung und die Aptierungsarbeiten sehr erheblich waren.

In Verfolg seiner umfangreichen Arbeiten entwickelte der Engländer FRANKLAND für diejenigen Fälle, bei denen die Beschaffung ausreichenden Geländes für die Abwasserunterbringung Schwierigkeiten bereitet, 1877 das Verfahren der intermittierenden Bodenfiltration. Dieses wurde durch LAWRENCE und DIBDIN weiterentwickelt, die mit Hilfe von Koksschlacke und einem künstlichen Bakterienrasen das erste Verfahren der künstlich-biologischen Abwasserreinigung schufen [nach 35]. Da festgestellt wurde, daß man auf diesem Wege aus städtischen Abwässern ebenfalls Abflüsse erzielen konnte, die nicht mehr fäulnisfähig sind, nach dem üblichen chemischen Standard als gut bezeichnet und bedenkenlos in die Vorfluter eingeleitet werden können, fand dies bald seine staatliche Anerkennung und auch Einführung in die Praxis.

Demgegenüber setzte sich in Deutschland trotz der nunmehr vorhandenen Auswahlmöglichkeit des Verfahrens die Abwasserreinigung in der Praxis jedoch bis zu Beginn des 20. Jahrhunderts nur sehr langsam durch. Bis auf einige Ausnahmefälle wurde die weiter ansteigende Abwassermenge nach wie vor ungereinigt in die Vorfluter, die innerhalb weniger Jahrzehnte in den Wohn- und Industriezentren bereits den Charakter von Abwasserkanälen angenommen hatten, eingeleitet. Es fehlte an den erforderlichen Geldmitteln sowie einer gesetzgeberischen Handhabe für die Durchführung derartiger gemeinnütziger Maßnahmen. Aus diesem Grunde mußten mancherlei Konzessionen von seiten der zuständigen Stellen gemacht werden. So hat man z. B. aus Kostenersparnis die mechanische Vorklärung als selbständige Abwasserreinigungsmethode mit den heute nur allzu bekannten Unzulänglichkeiten anerkannt und in Marburg und Kassel zuerst zur Anwendung gebracht. Hierdurch wurde die Kapazität der Abwasserreinigung zwar erhöht, es erfolgte dies jedoch auf Kosten der Qualität des Reinigungseffektes.

Im Zuge der sprunghaften Weiterentwicklung der Wirtschaft und der Erhöhung des kulturellen Niveaus machten sich nunmehr als Folge der stärkeren Inanspruchnahme des Wasserschatzes die ersten Anzeichen für eine gewisse Wasserverknappung bemerkbar und der Rohstoff Wasser begann zu einem Mangelfaktor zu werden. Auch die Intensivierungsbestrebungen in der Landwirtschaft ließen erhöhtes Interesse an einer zusätzlichen Wasserversorgung der Pflanzen erkennen, das durch die Tätigkeit der DLG und die Bewässerungsversuche von KRÜGER [93] wesentlich gefördert wurde. Diese führte dazu, daß von der Landwirtschaft der Abwasserlandbehandlung mehr Beachtung geschenkt wurde und sich eine Entwicklung anbahnte, die auf eine bessere Ausnutzung des Abwassers als sie bei den überlasteten Rieselfeldern möglich ist, ausgerichtet war. Da sich ferner herausstellte, daß die zu starke Beschickung der Rieselflächen entsprechend der Zielsetzung, möglichst viel Abwasser auf kleinster Fläche unterzubringen, zu einer Verschlechterung des Bodens führte, hat die Forderung nach einer Umstellung der Verfahrensweise, die in stärkerem Umfang bodenkundlichen und landwirtschaftlichen Gesichtspunkten Rechnung trägt, innerhalb eines relativ kurzen Zeitraumes (1910–1925) ihre praktische Verwirklichung gefunden. Durch die Errichtung der ersten weiträumigen und auf genossenschaftlicher Grundlage organisierten Verwertungsanlage der Stadt Dülmen im Jahre 1913 und die weitere Pioniertätigkeit ihres Erbauers, Domänenrat KREUZ, wurde somit der Grundstein für die moderne Abwasserlandbehandlung gelegt [85]. Sie erfuhr als Teilgebiet des Meliorationswesens durch die Errungenschaften der Bewässerungstechnik, insbesondere der Beregnung, seit dem ersten Weltkrieg eine weitere Vervollkommnung. Dementsprechend nahm von 1920 ab die Größe der mit Abwasser bewässerten Flächen in stärkerem Umfange zu, ohne daß hierdurch allerdings der immer bedrohlichere Ausmaße annehmenden Gewässerverschmutzung im Gesamtmaßstab Einhalt geboten werden konnte.

Auch durch die inzwischen verstärkte Einrichtung von mechanischen und wesentlich vervollkommneten künstlich-biologischen Kläranlagen wurde das Abwasserproblem kaum gemindert; vielmehr ist die Zunahme des Abwasseranfalles noch größer als der Ausbau von Verwertungs- und Reinigungsanlagen. Ebenso wie vordem fehlten während der Zeit der Weimarer Republik für eine wirklich umfassende Durchführung der Gegenmaßnahmen auf dem kommunalen Sektor die erforderlichen Mittel. Ferner mangelte es noch an einer durchgreifenden, der progressiven Entwicklung der Bevölkerungszahl und der Industriebetriebe angepaßten Wassergesetzgebung, die den volkswirtschaftlichen Belangen entsprechend ein weiteres Fortschreiten der Gewässerverschmutzung hätte verhindern können [6].

Während der nationalsozialistischen Epoche ergaben sich zwar durch die Zentralisierung der Verwaltung gegenüber dem vorhergehenden Zeitraum günstigere organisatorische Voraussetzungen, zur Lösung des Gesamtabwasserproblemes erfolgte entsprechend der Staatsform jedoch auch nichts Entscheidendes. Durch Erlasse wurde zwar die Vorrangigkeit der Abwasserbehandlung gegenüber den künstlich-biologischen Anlagen hervorgehoben, aber eine Wende in der Abwasserwirtschaft durch eine systematische Bautätigkeit ebenfalls nicht herbeigeführt.

Einschließlich einer Reihe neuer weiträumiger Landbehandlungsanlagen vorwiegend in Mitteldeutschland belief sich vor Ausbruch des zweiten Weltkrieges die Zahl der Landbehandlungs anlagen auf 70. Die angeschlossene Bevölkerungszahl betrug 7 Millionen. Demgegenüber standen 90 vollbiologische Reinigungsanlagen mit einer Kapazität von 1,5 Millionen Einwohnergleichwerten. Bezogen auf die Gesamtbevölkerung in den Städten über 5000 Einwohner in Höhe von 35 Millionen Einwohnern entspricht dies nicht einmal 25% [57].

Schlußfolgernd kann also festgestellt werden, daß die Maßnahmen auf dem Gebiet der Abwasserreinigung bis zum heutigen Tage mit der ständigen Zunahme des Abwasseranfalles nicht Schritt gehalten haben. Mit aller Deutlichkeit geht hieraus die Größe der bevorstehenden Aufgaben hervor, die nur durch eine zweckentsprechende und breite Anwendung aller zur Verfügung stehenden Verfahren gelöst werden können.

2,2 Die Rieselfelder

2,21 Entwicklungstendenzen, Bau- und Betriebsangaben

Von England ausgehend, erfolgte die Einführung der Abwasserreinigung auf Landflächen in Deutschland also erst vor rund 85 Jahren, obwohl bereits 1559 die Stadt Bunzlau ihre Abwässer auf Landflächen geleitet und dort teilweise auch verwertet hat. Danzig und Berlin waren 1869 und 1873 die ersten Städte, die zugleich mit der Kanalisation auch das Problem der Abwasserreinigung durch Anlage von Rieselfeldern lösten. Über das Berliner Rieselsystem, seine Grundlagen und technischen Einzelheiten sowie die Auswirkungen in hygienischer und landwirtschaftlicher Hinsicht liegen zahlreiche Berichte vor. Da es besonders richtunggebend für fast alle nachfolgend gebauten Anlagen war, erscheint es zur Erläuterung der Grundsätze der damaligen Rieselfeldwirtschaft besonders zweckmäßig.
Die Grundlagen für das Projekt lieferten, wie bereits erwähnt, die Untersuchungen auf dem 1869 eingerichteten Tempelhofer Versuchsfeld. Sie waren in erster Linie darauf ausgerichtet, den Reinigungseffekt zu überprüfen, beschäftigten sich aber entsprechend dem englischen Vorbild auch zum Teil mit den landwirtschaftlichen Erfolgsmöglichkeiten. Über die hier erzielten Ergebnisse berichten BACKHAUS [5], HAHN und LANGBEIN [53], RUTHS [140] und neuerdings WEILAND [185] in ihren Abhandlungen. So wurde z. B. festgestellt, daß die in England zumeist auf schweren Böden gewonnenen Erkenntnisse für die Berliner Verhältnisse nicht in vollem Umfange zutrafen. Die mehrstufige Hangberieselung, bei der der Reinigungseffekt in der Hauptsache durch die Schmutzstoffzurückhaltung an der Bodenoberfläche und an den Pflanzenteilen erfolgt, erwies sich auf dem leichten Boden als unbrauchbar. Bei geringer bis mäßiger Abwasserbeschickung kam infolge der starken Wasserdurchlässigkeit des Sandbodens am Hangende kein Wasser an, während bei der angestrebten stärkeren Beschickung das Überlaufwasser nicht den erforderlichen Reinheitsgrad aufwies. Dies führte zur Entwicklung des Stauberieselungsverfahrens, das selbst bei einer Abwasserbelastung von 1200 Einwohner pro Hektar auf entsprechend aptierten und mit Entwässerungszügen versehenen Flächen im Sommer wie im Winter durch die Filtrationswirkung der oberen Bodenschicht eine ausreichende Abwasserreinigung ermöglichte. Gegenüber dem englischen Verfahren, welches eine Höchstbelastung von 60 Einwohner pro Hektar vorschrieb, bedeutete dies eine außerordentliche Flächeneinsparung. Sie war bei den Größenverhältnissen Berlins ausschlaggebend und führte, zumal die landwirtschaftliche Nutzung der Flächen eine sekundäre und der Erhaltung der Wasseraufnahmefähigkeit des Bodens dienende Stellung einnahm, zur Anwendung dieses Verfahrens

bei hierfür geeigneten Bodenverhältnissen. Es zeigte sich also bereits in den Anfängen der Abwasserlandbehandlung die starke Abhängigkeit der Verfahrenstechnik von den natürlichen Verhältnissen, insbesondere vom Boden.

Für die erst in einem späteren Zeitraum mehr an Bedeutung gewinnenden Fragen der zweckmäßigen landwirtschaftlichen Abwasserausnutzung waren die gleichzeitig gewonnenen pflanzenbaulichen und ernährungsphysiologischen Versuchserfahrungen ebenfalls von besonderem Interesse. BACKHAUS [5] und RUHTS [140] berichten hierzu auf Grund der damaligen Protokollaufzeichnungen über die hohe Futterwüchsigkeit der mit Abwasser beschickten Flächen. So wurden sechs Grasschnitte von einer mit W. Weidelgras und Lieschgras bestellten Fläche geerntet und hierbei nach Gutachten der tierärztlichen Hochschule ein hochwertiges und ohne nachteilige Folgen zu verwendendes Futter erzielt. Ferner ergaben Anbauversuche mit den verschiedensten Gemüsearten sowie Rüben, Kartoffeln und Mais recht beachtliche Ergebnisse. Hierdurch wurden die Bauern, die sich zunächst gegen das Kanalisations- und Rieselfeldprojekt wegen des Wegfalles der für sie bedeutsamen festen Abfallstoffe wehrten, umgestimmt. Im übrigen erleichterten sie auch der Stadtverwaltung die endgültige Entscheidung über die Durchführung des Projektes. Der erste Teilabschnitt von 216 ha Berieselungsfläche wurde 1878 fertiggestellt. Auf vorwiegend horizontal angelegten und zumeist dränierten Flächen mit einer Größe von 0,25–0,5 ha kam das zunächst noch ungeklärte Abwasser zur Verteilung. Die Abwasserbelastung der Flächen betrug jährlich durchschnittlich 1404 mm und die Einwohnerzahl pro ha 303.

Als erste technische Verbesserungen des in der Folgezeit auf 12300 ha anwachsenden Gebietes wurden zunächst primitive, aber mit fortschreitender Entwicklung verbesserte Anlagen zur Zurückhaltung des Abwasserschlammes eingerichtet. Ihr Bau in Form von Erdbecken bzw. betonierten Anlagen erwies sich in Verbindung mit Rechenanlagen zur groben Vorreinigung als notwendig, da das ungeklärte Abwasser bei der verhältnismäßig hohen Belastung zur Verschlickung der Zuleitungsgräben und zur Verkrustung der Rieseltafeln führte. Auch erhielt das zunächst fast einseitig im Vordergrund stehende Überstauungsverfahren in der Beet- und Furchenberieselung, die besonders im Hackfrucht- und Gemüseanbau zur Anwendung gelangte, eine wertvolle Ergänzung.

Darüber hinaus wurden, um bei Frost und lang andauernden Regenperioden die Abwässer möglichst reibungslos und ohne eine empfindliche Störung der auf den Rieseltafeln angebauten Kulturen unterbringen zu können, vereinzelt sogenannte Staubecken angelegt, die ursprünglich von jeder landwirtschaftlichen Nutzung als spezielle Bodenfilter ausgeschlossen waren.

Die wesentlichsten Merkmale des Berliner Rieselverfahrens sind folgende: Gegenüber dem englischen Verfahren der weiträumigen Hangberieselung, welches im wesentlichen auf die schweren Bodenverhältnisse abgestimmt war, handelt es sich um eine engräumige Abwasserverteilung. Die Belange der Abwasserreinigung stehen gegenüber der landwirtschaftlichen Ausnutzung im Vordergrund, und weder der Wasser- noch der Nährstoffwert des Abwassers kommt voll zur Geltung. Bei starker Belastung der Rieseltafeln sind der Bedarf an Landflächen und damit die Kosten für deren Erwerb gering. Andererseits ist eine mit erheblichem Aufwand verbundene Aptierung der Flächen sowie im Interesse der gleichmäßigen Abwasserverteilung eine Begrenzung der Tafelgröße auf höchstens 0,5 ha unumgänglich. Der Landverlust für das Zuleiter- und Wegenetz ist dementsprechend hoch und beträgt 15–20%. Voraussetzung für die Einsatzmöglichkeiten des Verfahrens sind leichte Böden mit durchlässigem Untergrund sowie in der Mehrzahl der Fälle noch eine zusätzliche Dränung.

Die Pioniertätigkeit Berlins hat sich auf den Bau weiterer Anlagen infolge der für damalige Verhältnisse kaum erschwinglichen Bau- und Betriebskosten, die sich nach Angaben von LACOUR [98] auf 50,40 bzw. jährlich 3,28 DM pro Kopf der Bevölkerung beliefen, zunächst in nur sehr geringem Umfange ausgewirkt. Bis zur Jahrhundertwende folgten dem Beispiel Berlins nur neun Städte. Es handelte sich vorwiegend um Groß- bzw. größere Mittelstädte, bei denen das Abwasserproblem infolge des hohen Anfalles besonders brennend war. Die Abwasserbelastung der Flächen betrug bei ihnen durchschnittlich 1800 mm pro Jahr und die Einwohnerbelastung/ha ca. 450–500, also ähnlich wie in Berlin. Einzelheiten über die wichtigsten Daten der in diesem Zeitraum sowie in der Folgezeit bis 1914 errichteten Anlagen sind der Tab. I zu entnehmen.

Infolge gewisser verfahrenstechnischer Abweichungen beanspruchen hiervon noch die Anlagen von ehem. Zoppot und Königsberg (Baujahr 1898 bzw. 1899) hervorgehoben zu werden. So kam in dem bekannten Badeort das erste Projekt einer natürlichen Bodenfilteranlage mit einer jährlichen Beschickungshöhe von über 12000 mm nach Vorreinigung des Abwassers in Absetzbecken zur Ausführung. Die Unterbringung erfolgte auf Dünensand, der auf Grund seines einheitlich groben Materials in etwa den von FRANKLAND [40] für die intermittierende Bodenfiltration angegebenen Voraussetzungen entsprach. Die Möglichkeit einer landwirtschaftlichen Nutzung, die von LACOUR [98] als Kriterium für den Unterschied zwischen der Rieselfeldwirtschaft und der Bodenfiltration angegeben wird, ist hier ebenso wie in den Anlagen von Fürstenwalde (1904) und Luckenwalde (1910) so gut wie nicht vorhanden.

Königsberg/Ostpr. ist demgegenüber als erste weiträumige Abwasserlandbehandlungsanlage mit einer Abwasserbelastung von nur 540 mm pro ha/Jahr anzusehen. Die Abwasserverteilung erfolgte hier ähnlich wie bei den späteren Verwertungsgenossenschaften auf privaten Flächen und wurde vornehmlich als Wildverrieselung durchgeführt. DANCKWERTS [31] und WOLTER [193] berichten über ihre Entwicklung im einzelnen und bezeichneten sie trotz mancher Mängel und Schwierigkeiten, die sich besonders aus der mangelnden Abwasserabnahme (kein Abnahmezwang) sowie dem hohen Anteil an Moorboden ergaben, als günstige Meliorationsmaßnahme. Die Anfänge einer stärkeren Berücksichtigung der landwirtschaftlichen Belange zeichnen sich hier durch die verringerte Abwasserbelastung sowie die Verlagerung der Reinigungs- und Verwertungsaufgabe in den Bereich der privaten Landwirtschaft ab. Trotz verschiedener Vorteile nahm die Anlage jedoch lange Zeit eine Sonderstellung ein, zumal den Belangen der Abwasserreinigung infolge organisatorischer Mängel nicht in dem Maße entsprochen werden konnte, wie dies bei der Rieselwirtschaft im Eigenbetrieb der Stadt oder Verpachtung möglich war.

Weitere Angaben über die technische Einrichtung und die organisatorische Entwicklung liegen ferner von den Anlagen Darmstadt [189], Freiburg [138] und des ehem. Breslau [150], [181] vor, so daß man sich über die Verfahrensweise und den praktischen Betrieb der ältesten Anlagen ein nahezu lückenloses Bild verschaffen kann. Von diesen sind die Breslauer Rieselfelder (1881) insofern interessant, als bei ihnen im Gegensatz zu den üblichen Rieseltafeln von 0,25–0,5 ha größere Flächenstücke bis zu 5 ha vorherrschten. Bei günstigen Geländeverhältnissen betrug die Parzellenlänge bis zu 500 m, wodurch die sich sonst einer maschinellen Bearbeitung entgegenstellenden Schwierigkeiten weitgehend entfielen. Die Wasserverteilung erfolgte hier auf den von einem 0,4 m hohen Damm umgebenen Feldern durch einen Längsgraben, in dem in Abständen von 50 m Stauschütze angeordnet waren, die nach und nach gezogen wurden. Hierdurch verringerte sich der Verlust an nutzbarer Landfläche für Wege und Zuleiter von 15 auf 8%. Bei günstigen Geländeverhältnissen hat sich diese Verfahrenstechnik gut bewährt.

Von der Jahrhundertwende bis zum Ausbruch des ersten Weltkrieges erhöhte sich die Zahl der Rieselfelder einschließlich einiger Bodenfilteranlagen von 11 auf 32. Während es vordem insbesondere größere Städte waren, die sich zur Abwasserlandbehandlung entschlossen, kamen nunmehr auch kleinere Städte und Ortschaften bis zu Einwohnerzahlen von 4000 herunter hinzu. Größere Anlagen mit Rieselflächen über 100 ha entstanden lediglich in Münster und Bromberg. Über sie haben KEHR [78] und METZGER [110] berichtet, während der Rieselfeldbetrieb in mittleren und kleineren Städten von BERNHARD [17] am Beispiel Brandenburgs und SCHÖNWALDER [150] anhand der niederschlesischen Anlagen von ehem. Liegnitz, Bunzlau, Öls und Strehlen beschrieben worden ist. Wegen ihrer vorbildlichen Bewirtschaftung und einer außerordentlichen Produktivität, die auf einen Gemüseanbau von über 30% der Rieselfläche zurückzuführen ist, wurde die Liegnitzer Anlage lobend erwähnt. Bis zu 150 Mark pro Morgen wurden hier als Pachtgebühr jährlich entrichtet, wodurch die Stadt einen durchschnittlichen Pachterlös von über 80000 Mark/Jahr erhielt. Ferner ist der Hinweis auf die hier wie andererorts aufgetretenen Veränderungen der Grundwasserverhältnisse interessant, die in Liegnitz durch Versumpfung in der Nähe gelegener Flächen sowie Wassereinbruch in Kelleräume erheblichen Schaden angerichtet hat.

Die Abwasserbelastung lag bei der Mehrzahl der Anlagen über 2500 mm ha/Jahr, was erkennen läßt, daß es sich dem Charakter nach eigentlich um Bodenfilteranlagen mit beschränkter Nutzungsmöglichkeit handelt. Die Größe der gesamten Rieselfläche belief sich zu diesem Zeitpunkt auf 14500 ha, auf der das Abwasser von 5,2 Millionen Einwohnern untergebracht wurde. Entsprechend der hohen Abwasserbelastung waren die Landbehandlungsflächen an Standorte mit leichtem Boden, fast ausschließlich Sand, gebunden. In technischer Hinsicht ist bemerkenswert, daß 75% der Anlagen das Abwasser durch Pumpbetrieb von der Stadt erhielten, um den Höhenunterschied von teilweise mehr als 30 m zu überwinden. Zur Zurückhaltung grober Sink- und Schwimmstoffe wurden Sandfänge und Rechenanlagen eingebaut und ein Teil der Anlagen verfügte bereits auch über Absetzbecken. Bei der Hälfte der Rieselflächen erwies sich eine Dränung als erforderlich, wobei die Dräntiefe durchschnittlich zwischen 1,2 und 1,4 m lag. Bezüglich der Kostenverhältnisse sei auf die Angaben von LACOUR [98] verwiesen.

Ein neuer Entwicklungsabschnitt beginnt mit der Einrichtung der in vieler Hinsicht bedeutsamen Anlage in Dülmen (1916) und endet mit dem systematischen Übergang zur weiträumigen Abwasserverwertung um 1930. Während dieser Zeitspanne vermehrte sich die Zahl der gemeindlichen Anlagen um weitere 24. Mit Ausnahme von Bremen standen hier in noch auffälligerer Weise Mittel- und Kleinstädte im Vordergrund. Einzelheiten über die allgemein interessierenden Daten sind aus der Anhangtabelle II, die den Stand der Abwasserlandbehandlung im Jahre 1932 darstellt, zu entnehmen. Das Zahlenmaterial wurde aus Einzelangaben im Handbuch der Stadtentwässerung [26] zusammengestellt.

Zum überwiegenden Teil handelte es sich auch hierbei noch um Rieselfeldanlagen, bei denen entsprechend dem Berliner System die Abwasserbeseitigung im Vordergrund stand. Immerhin ist schon festzustellen, daß der von KREUZ [85] bei der Errichtung seiner Anlage in Dülmen beschrittene Weg nach einer besseren landwirtschaftlichen Ausnutzung in gewissem Umfange berücksichtigt wurde, zumal bereits sieben der neuerrichteten Anlagen eine Abwasserbelastung unter 1000 mm pro Hektar aufweisen. Als ein bedeutender Fortschritt in organisatorischer Hinsicht erwies sich in Dülmen die genossenschaftliche Durchführung der Reinigungs- und Verwertungsaufgabe. Hierbei war gegenüber den früheren Ansätzen des Rieselbetriebes auf Privatflächen entscheidend, daß die Verpflichtung übernommen wurde, das Abwasser ganzjährig abzunehmen. Durch eine ausgezeichnete Betriebsführung gelang es, den Anforderungen der Stadt und der Landwirtschaft in gleicher Weise gerecht zu werden. Der Grundstein für eine kombinierte Abwasserreinigung und -verwertung war somit gelegt. Für seine Aufstockung erwies sich der 1924 erlassene Zusatzparagraph zum preußischen Wassergesetz von 1913, nach dem Wassergenossenschaften zur Verwertung städtischer Abwässer mit Mehrheitsbeschluß gebildet werden können, als besonders förderlich.

Bedingt durch die schwierige Ernährungslage stieg im übrigen das allgemeine Interesse an der Ausnutzung aller für die Steigerung der landwirtschaftlichen Produktion in Frage kommenden Möglichkeiten. Dementsprechend mehrten sich auch die Untersuchungen über den Wert des Abwassers und die volkswirtschaftliche Bedeutung der Abwasserverwertung. Besonders DEGEN [32] und NEUHAUS [116] wiesen in ihren Arbeiten auf die vielseitigen Vorteile der kombinierten Abwasserausnutzung und -reinigung durch das Abwasserlandbehandlungsverfahren hin und stellten die Notwendigkeit einer weitgehenderen Ausnutzung des Abwassers heraus. Auch KAJET [73] forderte eine Umstellung der Abwasserwirtschaft auf die Erzielung eines verbesserten Bodenertrages und machte hierzu eine Reihe von Vorschlägen, die im wesentlichen auf eine geringere, dem Bedarf der Pflanzen an zusätzlichem Wasser und Nährstoffen angepaßte Bemessung der Abwasserzufuhr ausgerichtet waren. Die Frage „Abwasserbeseitigung oder Abwasserverwertung“ erfuhr somit eine bedeutende Verschiebung zugunsten des Verwertungsgedankens.

Darüber hinaus ist festzustellen, daß auf Grund der verstärkten Anwendung der mineralischen Düngung der sogenannte „Wasserwert“ des Abwassers stärker in den Vordergrund trat. Basierend auf den ersten Untersuchungen von WOHLTMANN [192] über den Wasserbedarf der Kulturpflanzen und den Bewässerungsversuchen von KRÜGER [93] wurde eine Bewässerungsmenge von 200–300 mm während der Vegetationszeit als ausreichend angesehen und hiernach weitgehend bei der Einrichtung der Rieselfeldanlage Delitzsch-Schenkenberg (1930) verfahren [183], [186].
Die außerordentlich günstigen Erfahrungen in dieser vorwiegend mit Furchenberieselung arbeitenden und auf den Anbau von Intensivkulturen ausgerichteten Verwertungsgenossenschaft trugen wesentlich dazu bei, daß sich die weiträumige Abwasserverwertung in der Praxis immer mehr durchsetzte. Nur noch in Ausnahmefällen wurden Anlagen der bisherigen Prägung gebaut, wodurch die Entwicklung der Rieselfelder weitgehend ihren Abschluß fand.

2,22 Beurteilung der Leistungsfähigkeit

Die Bedeutung der Rieselfelder für die Regelung der Abwasserfrage sowie ihre landwirtschaftlichen und volkswirtschaftlichen Auswirkungen lassen sich wie folgt kennzeichnen: Der im Vordergrund stehende Reinigungseffekt wird durch die Filter- und Sorptionswirkung des Bodens sowie bakterielle Abbauvorgänge besonders in der Krumenschicht erzielt. Über sein Ausmaß liegen vergleichende Untersuchungen des auf die Flächen geleiteten Abwassers sowie des Sickerwassers für die älteren Anlagen von KÖNIG [97], KLOPSCH [82], BIMANN [21] und LACOUR [98] vor. Sie lassen erkennen, daß selbst bei stärkerer Abwasserbelastung die Reinigungswirkung (organische Substanz) durch den Boden noch als ausreichend und günstiger als bei dem künstlich-biologischen Verfahren zu beurteilen ist. KREUZ [86] gibt als Ergebnis der Sickerwirkung eine durchschnittliche Abnahme der gesamten ungelösten und gelösten Stoffe von 80% an, wobei die außerordentliche Minderung des fäulnisfähigen Materials im Vordergrund steht. Es wird ferner besonders hervorgehoben, daß die Reinigungskraft des Bodens bei entsprechender Bodenpflege fast ungemindert jahrzehntelang erhalten bleibt.
Unter dem Blickpunkt der Ausnutzung der Abwassernährstoffe durch Boden und Pflanze haben sich GUSOVIUS [52], WEBER [183] und NEWRZELLA [117] eingehender mit der Sorptionswirkung des Bodens beschäftigt. Letzterer stellte hierbei durch Lysimeteruntersuchungen fest, daß durch den Boden (Sand, lehmiger Sand, sandiger Lehm und Lehm) im Durchschnitt 65% der organischen Substanz und 53% des die Eutrophierung der Gewässer bedingenden Stickstoffes zurückgehalten wurden. Andererseits fand er eine Nährstoffanreicherung des Sickerwassers an Ca, Na und Cl.
In neuerer Zeit hat OLBERTZ [14] bei seinen bodenkundlichen Studien über die Sorptionsfähigkeit des Berliner Rieselbodens eingehend diese Frage behandelt und hierbei verschiedene Abwassermengen berücksichtigt (Rieselmengen von 50, 150 und 250 mm pro Einzeljahr). Während bei der geringen Gabe nur $^1/_5$ der mit dem Abwasser aufgeleiteten organischen und anorganischen Stoffe durchsickerte, ge-

langte bei der stärkeren Belastung über die Hälfte zum Abfluß. Dies bedeutet eine Einschränkung des Reinigungseffektes mit Zunahme der Abwasserbelastung. Zu bemerken ist allerdings, daß diese Werte auf einer Trichterlysimeteranlage in 80 cm Bodentiefe gefunden wurden, während die übliche Dränung auf derartigen Flächen in einer Tiefe von 1,20–1,50 m liegt. Es kann und soll daher hieraus keine generelle Schlußfolgerung über eine mangelhafte Reinigungswirkung auf den stärker belasteten Rieselfeldern gezogen werden. Immerhin zeigt sich aber auch in der Reinigungsqualität die Überlegenheit der weiträumigen Abwasseraufbringung, auf die insbesondere immer wieder von KREUZ [89] hingewiesen wurde.

Bezüglich der hygienischen Beschaffenheit des Sickerwassers zeigen sowohl ältere Untersuchungen, wie auch die neueren Ergebnisse von OLBERTZ [14] übereinstimmend, daß auch bei starker Abwasserbelastung kein besonderer Anlaß zu Beanstandungen gegeben ist. Die Schwierigkeiten, die immer wieder zu Auseinandersetzungen mit den Hygienikern führen, haben ihre Ursache in der bei Stauberieselung leicht möglichen Übertragung von pathogenen Keimen auf die Pflanzen. Infolge ihrer stärkeren Konzentration entsprechend der aufgebrachten Abwassermenge dürften daher auch in dieser Hinsicht die Rieselfelder gegenüber den weiträumigen Verwertungsanlagen als stärker gefährdet gelten.

Der landwirtschaftliche Nutzeffekt der stark belasteten Rieselfelder, insbesondere seine Nachhaltigkeit darf nach heutigen Maßstäben ebenfalls nicht zu hoch eingeschätzt werden. Es beruht dies auf der in letzter Zeit immer deutlicher zu Tage tretenden nachteiligen Beeinflussung des Bodens durch zu hohe Abwassergaben sowie der unrationellen Ausnutzung des Abwassers und der in ihm enthaltenen Nährstoffe durch die Pflanze. Lassen doch die bodenkundlichen Untersuchungen von KNOPF [83], HENSEL [60] und OLBERTZ [125] nicht unerhebliche Veränderungen der physikalischen und chemischen Komponenten erkennen. Als Folge der zu starken Abwasserbelastung wurde von Letzterem eine starke Forcierung der Entbasung sowie eine tiefgreifende Destruktion und Durchschlämmung der Sorptionskomplexe nachgewiesen die, begünstigt durch den hohen Na-Gehalt des Abwassers, zur Ausbildung des sogenannten Rieselbodentyps führt. Es handelt sich hierbei um eine außerordentlich starke Degradationsform, die das häufig beobachtete Nachlassen der Rieselfelderträge erklärt und durch die z. T. auf leichtem Sandboden nachgewiesene Humusanreicherung und Verbesserung des Phosphorsäurespiegels [206] auch nicht annähernd ausgeglichen wird. Darüber hinaus ist es die unrationelle Ausnutzung des Abwassers durch die Pflanze, die das alte Rieselverfahren als überholt erscheinen läßt, da weder das Wasser selbst noch die in ihm enthaltenen Nährstoffe entsprechend verwertet werden konnen.

Trotz dieser Mängel darf andererseits nicht übersehen werden, daß die Erträge bei einer Reihe von Kulturen, wie zahlreiche Ertragsfeststellungen in den verschiedensten Anlagen zeigen, ganz beträchtlich gesteigert werden konnten. LACOUR [98], WOLTER [193], NEUHAUS [116], RUTHS [140] und SCHLIMME [146] berichten hierüber ausführlich. Besonders bei Rieselgras, verschiedenen Feldfutterpflanzen, Futterrüben und einer Reihe von Gemüsearten sind Mehrerträge, die entsprechend den Hydrokulturverhältnissen bei einer ordnungsgemäßen Bewässerungsorganisation bisweilen sogar über denen der heutigen weiträumigen Anlagen liegen, erzielt worden. Es ist daher durchaus gerechtfertigt, wenn NASCH [115] und DEGEN [32] bei ihren volkswirtschaftlichen Betrachtungen die Bedeutung der Rieselfeldwirtschaft für die Versorgung der entsprechenden Städte nachdrücklichst unterstrichen haben. So wurden beispielsweise 1912 auf 2232 ha Berliner Rieselfläche 1116000 dz Gemüse geerntet, was der Hälfte des Gesamtverbrauches der Stadt entsprach. Ferner konnte zu diesem Zeitpunkt $^1/_5$ des Berliner Milchverbrauches durch das städtische Molkereigewerbe, welches auf der billigen Futtererzeugung der Rieselfelder basierte, gedeckt werden.

Diese zweifellos beachtlichen Leistungen dürfen entsprechend den obigen Angaben jedoch nicht darüber hinwegtäuschen, daß das Verhältnis zwischen der aufgebrachten Bewässerungsmenge und dem erzielten Mehrertrag ungünstig ist und sich mit der gleichen Abwassermenge auf einer entsprechend vergrößerten Fläche eine höhere Produktionsverbesserung erzielen läßt. Zusammenfassend kann daher gesagt werden, daß landwirtschaftlicherseits das Rieselfeldverfahren wegen seiner unrationellen Abwasserausnutzung und bodenmäßigen Nachteile, die noch durch die Erschwernisse einer mechanisierten Bewirtschaftung verstärkt werden, als weitgehend überholt anzusehen ist. Es wird insgesamt gesehen nur für bestimmte Ausnahmefälle Bedeutung behalten. So z. B. bei Verhältnissen, in denen die Grundwasseranreicherung im Vordergrund steht sowie zur Reinigung bestimmter gewerblicher und industrieller Abwässer, bei denen die landwirtschaftliche Ausnutzung von sekundärer Bedeutung ist.

2,3 Die weiträumige Abwasserlandbehandlung

2,31 Beweggründe, Kennzeichen und Vorteile

Die Beweggründe für den Übergang zur weiträumigen Abwasserverwertung entstammten somit in erster Linie der Forderung nach Ausnutzung aller für eine nachhaltige Sicherung und Steigerung der Erträge in Frage kommenden Möglichkeiten. Die Aufgabenstellung lautete nunmehr: Verwertung des Abwassers durch die Landwirtschaft bei gleichzeitiger Durchführung der Reinigungsaufgabe.

Ihre Einführung begünstigte die Ergebnisse der in vermehrtem Umfange durchgeführten Bewässerungsversuche, unter denen diejenigen von GERLACH [50], [51] besonders zu erwähnen sind, sowie die ersten Erfahrungen mit dem Einsatz von Bewässerungsanlagen in der Praxis, über die MAR-TINY [107] berichtet. Ebenso ließen die grundlegenden betriebswirtschaftlichen Betrachtungen von ZÖRNER [198], in denen die Stellung der Bewässerung im Rahmen des landwirtschaftlichen Betriebes unter verschiedenen natürlichen Verhältnissen umrissen wurde, das Interesse an einer zusätzlichen Wasserversorgung anwachsen. Ferner bedürfen auch die Bemühungen von KRÜGER [94], ZUNKER [199], WUSSOW [195] um die Ermittlung der für eine lohnende Bewässerung in Deutschland in Betracht kommenden Flächen in diesem Zusammenhang der Erwähnung. Gaben sie doch, wenngleich auch ihre Angaben für die Praxis von untergeordneter Bedeutung waren, immerhin wichtige Hinweise über die zu erwartenden Perspektiven. Ferner ließen sie erkennen, daß nur bei einer sparsamen Bewirtschaftung der natürlichen Wasservorräte unter weitgehender Heranziehung des Abwassers die Bewässerungsaufgabe zu lösen ist. Nicht zuletzt wurde diese Entwicklung aber auch durch die fortschreitende Bewässerungstechnik beeinflußt. Neben der Einführung wassersparender Berieselungsmethoden war es vor allem die Beregnung, die aus dem Eduardsfelder Spritzverfahren [195], welches erstmalig in Posen 1897 und danach noch in Magdeburg und Breslau kurz nach der Jahrhundertwende auf Teilflächen angewandt wurde, hervorgegangen ist. Gelang es doch, durch eine laufende Verbesserung des zunächst mit Schläuchen arbeitenden Verfahrens, die technischen Voraussetzungen für einen weitgehend betriebssicheren Bewässerungseinsatz mit wesentlich verringerten Wassergaben ohne Rücksichtnahme auf die Geländeverhältnisse zu schaffen. Wie die Versuchsergebnisse von ZUNKER [200] in Schebitz und FLECK und HEILMANN [39] in Dresden sowie die praktischen Betriebserfahrungen von ANGERER [1] und KOSTKA [103] in Ostpreußen zeigten, ergaben sich bei weit günstigerer Wasserausnutzung die verschiedensten Anwendungsmöglichkeiten. Die Beregnung entwickelte sich somit nicht nur zu einem landwirtschaftlichen Betriebsmittel für Intensivbetriebe, sondern auch zum wesentlichen Bestandteil der weiträumigen Abwasserlandbehandlung. Über ihre damaligen technischen Möglichkeiten, ihre Durchführung und Kosten berichten LAUX [100] und SCHNEIDER [149] eingehend. Gegenüber der Abwasserbehandlung auf Rieselfeldern ist bei der weiträumigen Verwertung die Abwassermenge an den Wasserbedarf der Pflanzen weitgehend angepaßt. Sie schwankt je nach dem angewandten Verteilungsverfahren zwischen 250 und 800 mm/Jahr und ermöglicht eine günstigere Ausnutzung des aufgebrachten Wassers durch die Pflanze. Die im Abwasser enthaltenen Nährstoffe sind eine erwünschte Beigabe, wobei ihre Ausnutzung durch die geringeren Gaben ebenfalls verbessert wird. Der landwirtschaftlich unproduktive Sickerwasseranteil ist weitgehend reduziert und die Anlage von Entwässerungseinrichtungen in den meisten Fällen überflüssig. Die Einwohnerbelastung pro Hektar verringert sich auf 50–75 und bietet den Vorteil, mit dem anfallenden Abwasser eine weit größere Fläche nutzbringend bewässern zu können. Sie stellt allerdings damit auch größere Anforderungen an die Beschaffung geeigneter, genügend großer Flächen, die aber ihrerseits dadurch gemindert werden, daß neben den ausgesprochenen leichten Bodenarten auch mittlere Bonitäten mit herangezogen werden können.

Organisatorisch vollzieht sich hiermit auf Grund der veränderten Flächenausmaße der Übergang zum genossenschaftlichen Verwertungsbetrieb. Damit erhöhen sich die Rechte, aber auch die Verantwortlichkeit der Landwirtschaft, und Stadt und Land werden in genossenschaftlicher Form zu gleichberechtigten Vertragspartnern.

In acker-pflanzenbaulicher Hinsicht können über den Rahmen der Rieselfeldkulturen hinaus auch andere Pflanzenarten mit günstigem Erfolg bewässert werden, wenngleich auch hier aus Wirtschaftlichkeitsgründen bestimmte Grenzen gesetzt sind. Vor allem ist jedoch die Ertragssteigerung pro mm verabfolgten Wassers eine wesentlich höhere als bei der bisherigen Verfahrensweise. Auch sind die Aus-

wirkungen der weiträumigen Landbehandlung auf den Boden bei entsprechender Bewirtschaftung bedeutend günstiger zu beurteilen. Die landwirtschaftliche Zielsetzung erstreckt sich entsprechend den verbesserten Standortsverhältnissen auf eine Intensitätssteigerung, zu deren Erreichung sich die verschiedensten Möglichkeiten bieten, für die zunächst CARL [30] und SCHONNOPP [153] grundlegende Hinweise geben. Die Verbesserung der Produktionsverhältnisse wird von BLOCH [22] mit 30% angegeben. Sie liegt nach diesem durchaus als real zu bezeichnenden Wert mit an der Spitze der Meliorationsverfahren, was ihre landwirtschaft-Bedeutung nachdrücklichst unterstreicht.
Die Reinigungsaufgabe steht also nicht mehr allein im Vordergrund; aber auch sie erfährt grundsätzlich durch die geringere Belastung der Flächen eine qualitative Verbesserung. Das dem Grundwasser bzw. dem Vorfluter in geringerem Umfange zugeführte Sickerwasser zeichnet sich durch einen wesentlich höheren Reinheitsgrad aus. Wasserwirtschaftlich kann sich hieraus in den Fällen, wo auf eine möglichst starke Anreicherung des Grundwassers Wert gelegt wird, allerdings ein Nachteil ergeben.
Vom hygienischen Standpunkt ist auf die verbesserte Reinigungswirkung durch den weniger stark belasteten Boden hinzuweisen. Entsprechend der geringeren Aufbringungsmenge wird eine stärkere Anhäufung pathogener Keime vermieden, was ihrer Abtötung Vorschub leistet und ihre Gefährlichkeit herabsetzt. Andererseits sind die Möglichkeiten für eine direkte Keimübertragung auf die Pflanze bei der weiträumigen Verteilung des Abwassers insbesondere durch Beregnung, kaum geringer als bei dem Rieselfeldbetrieb. Entsprechende Richtlinien für den Bewässerungseinsatz sind daher auch hier erforderlich.
Es ergeben sich also eine Reihe von Vorteilen. Sie werden durch den teilweise höheren Kostenaufwand, der zunächst für die Einrichtung benötigt wird, sich aber besonders auch auf die laufenden Betriebskosten erstreckt, in gewissem Umfange abgeschwächt. Zu berücksichtigen ist hierbei jedoch, daß mit den Mehraufwendungen ein wesentlich gesteigerter und vor allem nachhaltiger Mehrertrag einhergeht.

2,32 Bau- und Betriebsangaben bis 1945

Die Einführung der weitgeräumigen Verfahrensweise in die Praxis erfolgte mit bewußter Zielsetzung 1930 durch die Inbetriebnahme der weiträumigen Berieselungsanlage Delitzsch-Schenkenberg. WEBER [183] berichtet über ihre technische Einrichtung und ihre landwirtschaftlichen und landeskulturellen Auswirkungen. Hiernach konnten bereits nach kurzer Zeit die Rohertragsleistungen an Gemüse, Futterhackfrüchten und Rauhfutter um 300% gesteigert werden. Daß es sich hierbei nicht um einen vorübergehenden Leistungsaufschwung handelte, wird durch den 20 Jahre später veröffentlichten Erfahrungsbericht von WEISKE [186], dem langjährigen Vorsteher dieser Genossenschaft, belegt. Die ganzjährige Abwasserunterbringung wird durch Ausgleichsflächen mit Grünland und Rhabarbernutzung sowie Fischteiche gewährleistet. Überhaupt sind die Voraussetzungen für einen leistungsfähigen Verwertungsbetrieb, wie z. B. das Beteiligungsverhältnis von 30% äußerst günstig, so daß man Delitzsch-Schenkenberg nicht nur als eine der ältesten, sondern auch jetzt noch als die ihren Aufgaben am vollkommensten gerecht werdende Anlage dieser Art bezeichnen kann.

Über die anschließend hieran eingerichtete Abwasserverregnungsanlage der Heilanstalten Tapiau und Allenberg berichtet ANGERER [1], während SCHRÖDER [160] die auf den Ländereien des Johannesstiftes in Spandau eingerichtete halbstationäre Niederdruck-Abwasserverregnungsanlage, die später durch die Versuche von FRECKMANN [42] bekannt geworden ist, eine kleinere Anlage bei Meseritz sowie ein Bewässerungsobjekt von 50 ha Größe mit Abwässern der Stadt Halle beschreibt. WEISE [187] hebt insbesondere noch die Abwasserverwertungsanlage der Stadt Beeskow i. M. hervor, wo die Reinigung und Ausnutzung der Abwässer ebenfalls fast ausschließlich durch Beregnung erfolgte und als Ergänzung noch einige Bodenfilteranlagen vorhanden waren. Es handelt sich zunächst also um kleinere Vorhaben, von denen sich das Hallenser infolge der schweren Bodenverhältnisse wohl nicht bewährt hat, zumal über seinen Verbleib nichts bekannt ist.

Die ersten beiden größeren Städte, die sich zur weiträumigen Verwertung entschlossen, waren Leipzig und Rudolstadt. Hiervon erregte besonders das Leipziger Berieselungsobjekt wegen seiner Größe Aufsehen in der Fachwelt. MEISTER [108] sowie STEIN [172] als Erbauer der Leipziger und Delitzscher Anlage erläutern eingehend die Einzelheiten der technischen Einrichtungen, die allerdings wegen des aus Sparsamkeitsgründen gebauten offenen Zuleiternetzes in der Folgezeit verschiedentlich beanstandet wurden. Hervorzuheben ist, daß hier ebenso wie in Delitzsch bei günstigen Geländeverhältnissen auf die sonst übliche Herrichtung der Flächen zur Berieselung verzichtet werden konnte. Von den vier Hauptzuleitern wird das Abwasser den Feldern durch Zuleitungsgräben mit Durchlässen zugeführt, die so angelegt sind, daß der obere Wasserspiegel höher als die zu bewässernden Felder liegt. Die Verteilung des Wassers auf den Flächen erfolgt mit Hilfe temporärer Rieselfurchen. Auf die Vor- und Nachteile dieses Verfahrens weist KÖTTING [102] anhand von vergleichenden Feststellungen über die Bewässerungstechnik in den Rieselfeldanlagen Dortmund und Berlin sowie den weiträumigen Anlagen Leipzig und Gütersloh hin. Er stellte als Vorzug die erheblichen Einsparungen an Baukosten heraus, kritisierte jedoch die ungleichmäßige Wasserverteilung, den Aufwand an Grabenunterhaltungsarbeiten sowie die erhebliche Mehrbelastung des Bauern durch die Herrichtung des Ackers zur Berieselung, deren Sorgfältigkeit entscheidend für die rationelle Abwasserausnutzung ist. Der landwirtschaftliche Nutzeffekt bei dieser weiträumigsten Verwertungsanlage Deutschlands ist beträchtlich. WARMUTH [182] berichtet hierzu über seine Betriebserfahrungen, die selbst bei schwerem Boden eine erhebliche Intensitätssteigerung erkennen lassen. Darüber hinaus bedürfen die im Leipziger Abwassergebiet im Rahmen des Arbeitskreises Abwasserverwertung Sachsen-Anhalt von HAHNE durchgeführten landwirtschaftlichen Versuche [54] sowie die von GEITH [49] speziell auf dem Grünland durchgeführten Untersuchungen der besonderen Erwähnung. Weniger günstig wurde das Problem der ganzjährigen Abwasserunterbringung gelöst. ROSSBERG [139], der nach vierjährigem Betrieb über die gewonnenen Erfahrungen berichtete, wies hierauf besonders hin und forderte damals bereits die Anlage umfangreicher Filterflächen in der Muldeniederung.

Rudolstadt ist als erste kombinierte, mit Beregnung und Berieselung arbeitende größere Verwertungsanlage ebenfalls interessant. Das bereits vorher von KREUZ [88] für besonders zweckmäßig bezeichnete Kombinationsverfahren hat sich hier sowohl im Hinblick auf die Abwasserausnutzung als auch die ganzjährige Abwasserunterbringung sehr gut bewährt. In der Vegetationszeit wird vorwiegend beregnet, in den übrigen Monaten dagegen fast ausschließlich auf dem Grünland gerieselt; ein Verfahrensweg, der in der Folgezeit bei einigen weiteren Anlagen beschritten wurde.

Als zweite großstädtische Anlage wurde das Erfurter Verwertungsgebiet, über dessen technische Einrichtung und landwirtschaftliche Erfahrungen DIETZE [33] berichtet, eingerichtet. Erwähnenswert ist hier, daß der Verwertungsbetrieb ausschließlich durch Beregnung erfolgt und neben der Landbehandlung noch für $^1/_3$ des Abwasseranfalles der Stadt eine künstlich-biologische Reinigungsanlage eingesetzt worden ist. Letzteres hat sich bei der Größe des Objektes durchaus bewährt, da prinzipiell bei kurzfristiger Abnahmeschwierigkeit auf den Landflächen die Belebtschlammanlage stärker belastet werden kann. Dagegen haben sich aus dem einseitigen Beregnungsbetrieb trotz günstiger Bodenverhältnisse für die ganzjährige Abwasserunterbringung erhebliche Nachteile ergeben. Nach anfänglichen Versuchen mit der Rohrberieselung erstreckt sich der Verwertungsbetrieb nur auf 270 Tage, was zu erheblichen Beanstandungen Anlaß gegeben hat. Ausgleichsflächen und Bodenfilter fehlen hier ebenso wie bei einer Reihe von weiteren neuen Anlagen. Zurückzuführen auf die starke Einschaltung des Reichsnährstandes zeigt sich, daß die produktive Ausnutzung des Abwassers gegenüber den Belangen der Abwasserreinigung in den Vordergrund gestellt worden ist. Auch der bei der Einrichtung fälschlicherweise verfolgte Grundsatz, die Baukosten so niedrig wie möglich zu halten, dürfte hierauf von Einfluß gewesen sein. In jedem Fall liegen hierin die Ursachen für die dadurch berechtigten, aber meist übertriebenen Angriffe der Klärtechniker [67] gegen die Brauchbarkeit des weiträumigen Verfahrens. Richtig ist zweifellos der Standpunkt von HEILMANN [58], nach dem die Beregnung bei ganzjähriger Abnahmepflicht als alleiniges Verfahren häufig nicht ausreicht, sondern im Hinblick auf die ganzjährige Unterbringung einer Ergänzung bedarf. Hieran schlossen sich die sächsischen Anlagen an, über die KALWEIT [74] ausführlich berichtet. Von ihnen ist in landwirtschaftlicher Hinsicht besonders das Görlitzer Verwertungsgebiet, das in letzter Zeit eingehend von NEWRZELLA [118] untersucht worden ist, hervorzuheben. Bemerkenswert ist ferner die Kombination von Beregnung und Rohrberieselung bei einem Teil der übrigen Anlagen, die sich recht gut bewährt hat. Die natürlichen Voraussetzungen in den neun Gebieten sind recht unterschiedlich. Besonders auf den z. T. herangezogenen schweren Böden mußten erhebliche Schwierigkeiten in Kauf genommen werden, die, sofern nicht ein hoher Grünlandanteil vorhanden ist, sowohl durch eine ungenügende Abnahme als auch durch eine geringe Ausnutzung des während der Vegetationszeit verabfolgten Abwassers gekennzeichnet sind.

Letzteres geht auch aus den Erfahrungen in der zu gleicher Zeit errichteten Anlage Arnstadt in Thüringen hervor. Zeigte sich doch auch hier, daß unter derartigen Verhältnissen die Abwasserlandbehandlung meist überfordert ist und der Beachtung ihrer Möglichkeiten und Grenzen eine erhöhte Bedeutung zukommt. Daß diese andererseits nicht nur von den natürlichen Verhältnissen, sondern in besonderem Maße von der Nutzung bestimmt werden, ist auch aus der Anlage Potsdam-Golm zu entnehmen, bei der trotz stark anmoorigen Bodens die ganzjährige Abwasserabnahme auf dem Grünland bei einem befriedigenden Verwertungseffekt durchaus gewährleistet war.

Die Anlage Nordhausen wurde nach dem Vorbild von Rudolstadt eingerichtet. HOLLER [63] berichtet über die hier gewonnenen Betriebserfahrungen und landwirtschaftlichen Erfolge, von denen die hohen Erträge der Uthlebener Abwasserweiden besonders herausragend sind. Als sehr vorteilhaft für eine zuverlässige Abwasserabnahme wie auch für die Leistungsfähigkeit der sommerlichen Bewässerung erwies sich hier das Vorhandensein eines landwirtschaftlichen Großbetriebes, der den reibungslosen Beregnungseinsatz wesentlich begünstigte.

Über die in dem maritimeren Raum Nordwest- und Westdeutschlands errichteten weiträumigen Gebiete liegen relativ wenig Angaben vor. Lediglich ANGERER [2] berichtet neuerdings Einzelheiten von den in Niedersachsen liegenden Anlagen. Aus den in der Tab. VII enthaltenen Daten ist zu entnehmen, daß dort infolge der stärkeren Besiedlung neben der weiträumigen Verwertung auch noch die engräumige Landbehandlung weiter zur Anwendung gekommen ist. Entsprechende Betriebserfahrungen hierzu liegen für die Anlagen Gütersloh und Pinneberg von KÖTTING [102] und WILHELMER [190] vor.

Im heutigen Gebiet der DDR sind abschließend noch die bereits im Kriege fertiggestellten Anlagen von Neustrelitz und Pritzwalk erwähnenswert. Erstere zeichnet sich durch sehr leichte Bodenverhältnisseaus, unter denen das Abwasser selbst bei einem geringen Grünlandanteil während des gesamten Jahres untergebracht werden kann. Selbst noch bei erheblichen Frostgraden wird hier zu Düngungszwecken beregnet, zumal sich die durchgeführte Rohrberieselung infolge der stark kupierten Geländegestaltung nicht bewährt hat. Einzelheiten über Betrieb und Erfolge dieser in Mecklenburg bisher einzigen Verwertungsanlage sind vom Verfasser an anderer Stelle [161] dargelegt worden.

Die zuletzt vor dem Zusammenbruch fertiggestellte Anlage Pritzwalk ist insofern interessant, als nach dem Vorbild von Bautzen auf mittlerem Boden fast ausschließlich Grünland bewässert wird. Bei der Projektierung wurde hierauf besonderer Wert gelegt, um das Abwasser ohne Schwierigkeiten ganzjährig verwerten zu können. Das Gebiet ist durch die Erschließung der weiträumig verteilten Grünlandflächen außerordentlich langgestreckt, was den Aufwand an Bau- und in gewissem Umfange auch Betriebskosten nicht unerheblich erhöhte. Andererseits wurden dadurch für die Landwirtschaft sehr günstige Wirtschaftsbedingungen geschaffen, die bei entsprechender Ausnutzung den technischen Mehraufwand durchaus gerechtfertigt erscheinen lassen.

Hieraus ist zu erkennen, daß man in der verschiedensten Weise vorgegangen ist, um das Abwasser möglichst rationell zur Steigerung und Sicherung der Ernten einzusetzen. Organisatorisch oblag in allen Fällen die Verwertungsaufgabe den durch die Wasserverbandsordnung vom 3. 9. 1937 ins Leben gerufenen Abwasserverbänden. Die Rechte und Pflichten, insbesondere die Höhe der Abwasserabnahme und die Kostenverteilung wurden vertraglich mit den Abwasserlieferanten geregelt. Für die Kostenbeteiligung der Stadt war im allgemeinen der für eine künstlich-biologische Reinigungsanlage erforderliche Betrag maßgebend. Die Finanzierung der Baukosten wurde durch Darlehen sowie Beihilfen aus dem Landeskulturfond gesichert, wobei sich allerdings die übertriebene Sparsamkeit, die vielfach zu erheblichen Abstrichen von der ursprünglich geplanten Form des Vorhabens führte, in einigen Fällen außerordentlich nachteilig ausgewirkt hat. Hinsichtlich der Projektierung der Anlagen sind trotz gewisser Überforderungen der landwirtschaftlichen Möglichkeiten die langfristigen und gründlichen Vorbereitungsarbeiten durch die Hauptstelle für landwirtschaftliche Abwasserverwertung sowie die gutachtliche Tätigkeit der landwirtschaftlichen Betriebsprüfungsstelle, die jedes Vorhaben auf die tragbare Belastungsgrenze für die Landwirtschaft zu überprüfen hatte, hervorzuheben. Ferner ist die Einflußnahme der Landbau- bzw. Landeskulturaußenstellen auf die zweckmäßige Anpassung der Landwirtschaft an den Verwertungsbetrieb zu erwähnen. Ihrer leider in den Kriegsjahren stark dezimierten Tätigkeit ist es zu verdanken, daß die weiträumige Abwasserlandbehandlung zumindest die an sie als Meliorationsmaßnahme gestellten Anforderungen in den meisten Fällen weitgehend erfüllt hat.

Daß das Problem der ganzjährigen Abwasserabnahme nicht in dem gleichen Ausmaße gelöst wurde, lag in erster Linie an den übertriebenen Autarkiebestrebungen der damaligen Zeit, nicht aber – wie einige Anlagen eindrucksvoll unter Beweis stellen – an dem Verfahren selbst. Hierdurch ist dem weiträumigen Landbehandlungsprinzip kein günstiger Dienst erwiesen worden. Wurde doch der Forderung von IMHOFF [67] sowie anderen namhaften Vertretern der Klärtechnik, die sich für eine künstlich-biologische Reinigung vor der weiträumigen Abwasserverwertung einsetzten, unnötig Vorschub geleistet. Auch ergab sich hierdurch ein günstiger Nährboden für den umfangreichen Meinungsstreit, der von SEIFERT [141] durch die Ausführungen über die biologischen Grenzen der landwirtschaftlichen Abwasserverwertung entfacht worden ist.

Trotz dieser z. T. unbegründeten Bedenken ist abschließend jedoch festzustellen, daß die weiträumige landwirtschaftliche Abwasserverwertung den Durchbruch in die Praxis erzielt hat. Die Rieselfeldwirtschaft wurde weitgehend abgelöst, was noch durch die im folgenden Abschnitt zusammengestellten Zahlenangaben näher belegt wird. Daß ihre Anerkennung nicht nur von den damaligen Zeitumständen abhängig war, ist darüber hinaus aus der ständigen Zunahme der Anlagen bis zum heutigen Zeitpunkt sowohl in der DDR als auch in der DBR ersichtlich.

2,4 Der derzeitige Stand der Abwasserlandbehandlung

Durch den zweiten Weltkrieg und seine Folgen erlitt die ohnehin in zu geringem Ausmaße geförderte Abwasserwirtschaft schwere Einbußen. Wie auch auf allen anderen Sektoren mußte ein wenig erfreuliches Erbe angetreten werden. Bedingt durch die starken Zerstörungen der Städte und die hiermit verbundenen Schäden an Kanalisation-, Klär- und Pumpwerkeinrichtungen sowie erhebliche Inventarverluste in den Verwertungsgebieten hatte sich das Hauptaugenmerk zunächst auf die Rekonstruktion der stark in Mitleidenschaft gezogenen Anlagen zu richten. Ferner stieg der gemeindliche Abwasseranfall durch das auf die Umsiedlungsaktionen zurückzuführende Anwachsen der Einwohnerzahlen in den Städten wie auch der Anteil am gewerblichen und industriellen Abwasser nach einem relativ kurzen Zeitraum in nicht vorhergesehener Weise an, wodurch die Abwasserwirtschaft vor eine kaum zu bewältigende Aufgabe gestellt wurde. Allein der Bevölkerungsanstieg in dem auch vordem dichter besiedelten westdeutschen Territorium auf 199 Personen pro qkm mag dies veranschaulichen.

Unter diesen für eine planmäßige Weiterentwicklung des gesamten Abwasserwesens ungünstigen Aspekten soll im folgenden kurz berichtet werden, in welcher Weise und Intensität die Bautätigkeit von Abwasserlandbehandlungsanlagen in der Deutschen Demokratischen Republik und der Deutschen Bundesrepublik wieder aufgenommen, bis zum jetzigen Zeitpunkt fortgesetzt wurde und welche Besonderheiten diese Entwicklung aufweist.

2,41 Die Situation in der Deutschen Demokratischen Republik

Neben der Ausbesserung der Kriegsschäden an den sich insbesondere auf den mitteldeutschen Raum konzentrierenden Anlagen wurde bereits ab 1949 in Zusammenarbeit der damals noch bestehenden Wasser- und Bodenverbände und dem Ministerium für Land- und Forstwirtschaft bzw. der Wasserwirtschaftsverwaltung mit dem Bau neuer Anlagen begonnen. Die verantwortlichen Stellen verhielten sich gegenüber dem Landbehandlungsverfahren in jeder Hinsicht positiv, was u. a. in dem Gesetz über die Errichtung der Friedenshektarerträge vom 8. 2. 1950, in welchem bei geeigneten Voraussetzungen die landwirtschaftliche Ausnutzung des Abwassers gefordert wird, zum Ausdruck kommt. Bis zum Berichtszeitpunkt konnten unter weitgehender Einschaltung der 1952 begründeten VE-Wasserwirtschaftsbetriebe fünf größere Anlagen für gemeindliche Abwässer und fünf gewerbliche Anlagen fertiggestellt werden. Von diesen verdienen die neu entstandenen Verwertungsbetriebe der Städte Halberstadt, Stalinstadt und Jüterbog besondere Erwähnung.

Eine Übersicht über die Bautätigkeit nach 1945 gibt Tab. 1. Sie beinhaltet nicht nur die bereits fertiggestellten Anlagen, sondern auch die zur Zeit noch im Ausbau befindlichen.

TABELLE 1

Bautätigkeit von Abwasserlandbehandlungsanlagen in der DDR von 1945—1956

	Zahl der Anlagen insges.	häuslich	gewerbl.	Größe der verw. Fl. ha	∅ Größe d.verw. Fl. ha	∅ AW-Belastg./ ha	∅ AW-Anfall cbm/Tag/pro Anlage
Fertiggest. bis 1955	10	5	5	3095	312,0	290 mm	4200
im Bau befindlich	8	8	—	6970	781,0	ca. 480 mm	11661

Vergleicht man diese Zahlen mit den diesbezüglichen westdeutschen Angaben (s. S. 33), so fällt besonders die unterschiedliche Größe der Verwertungsvorhaben auf. Zehn neuen Anlagen in der DDR stehen in Westdeutschland 55 gegenüber. Trotz dieses erheblichen Zahlenunterschiedes ist jedoch bei einem durchschnittlichen Größenverhältnis der einzelnen Verwertungsgebiete von 7:1 (DDR:DBR) die erschlossene Bewässerungsfläche in der DDR noch größer. Die Tendenz, den Ausbau von kleineren Anlagen zu forcieren, ist also nicht erkennbar.

Wie aus der Gegenüberstellung der noch im Bau befindlichen Anlagen hervorgeht, wird der Verwertung gewerblicher Abwässer zur Zeit noch eine weit geringere Bedeutung beigemessen als in der Bundesrepublik. Andererseits ist die Weiträumigkeit der Anlagen in den von jeher in dieser Hinsicht stärker betonten Gebieten der DDR größer.

Einzelangaben über die im Bau befindlichen Anlagen [64] mit einer Gesamtverwertungsfläche von 6970 ha sind in der Tab. III enthalten. Es handelt sich hierbei um die Verwertungsgebiete der Städte Magdeburg, Frankfurt/O., Stendal, Gardelegen, Haldensleben, Werneuchen, Meiningen und Löbau.[1]) Außer Magdeburg sind es also mittlere Vorhaben mit vorwiegend leichten, aber z. T. auch schwereren Bodenverhältnissen. Die durchschnittliche Abwassermenge/ha beläuft sich bei fast ausschließlich vorgesehener Beregnung auf 480 mm.

Einschließlich der bereits fertiggestellten neuen Anlagen ergibt sich somit für die Abwasserlandbehandlung in der DDR und Groß-Berlin folgender, in der Übersichtstabelle 2 zusammengefaßter Gesamtstand:

TABELLE 2

Übersicht über den Stand der Abwasserlandbehandlung in der DDR 1956

	gemeindliches Abwasser: Rieselfelder	gemeindliches Abwasser: weiträumige Anlagen	gewerbliches Abwasser: Rieselfelder	gewerbliches Abwasser: weiträumige Anlagen
Zahl der Anlagen	28	28	4	8
Größe d. erschlossenen Gebietes	12613 ha	30145 ha	241 ha	625 ha
jährl. Abwassermenge/cbm	257503000	66742200	tägl. 6000	578
Abwasserbelastung mm/ha	3308	576	—	—
∅ Größe d. Verwertungsgebietes/ha	41 (a. Berlin)	425 (a. Leipzig)	60	68

[1]) Die Anlagen sind inzwischen weitgehend fertiggestellt und neue Vorhaben im Bau.

Die Angaben entstammen einer gemeinsam mit dem Institut für Wasserwirtschaft durchgeführten Erhebung [4] [162]. Sie sollen durch die folgende Übersichtsskizze, (Abb. 1) auf der die einzelnen Landbehandlungsanlagen in ihrer räumlichen Verteilung über das Gesamtgebiet dargestellt sind, noch näher veranschaulicht werden.

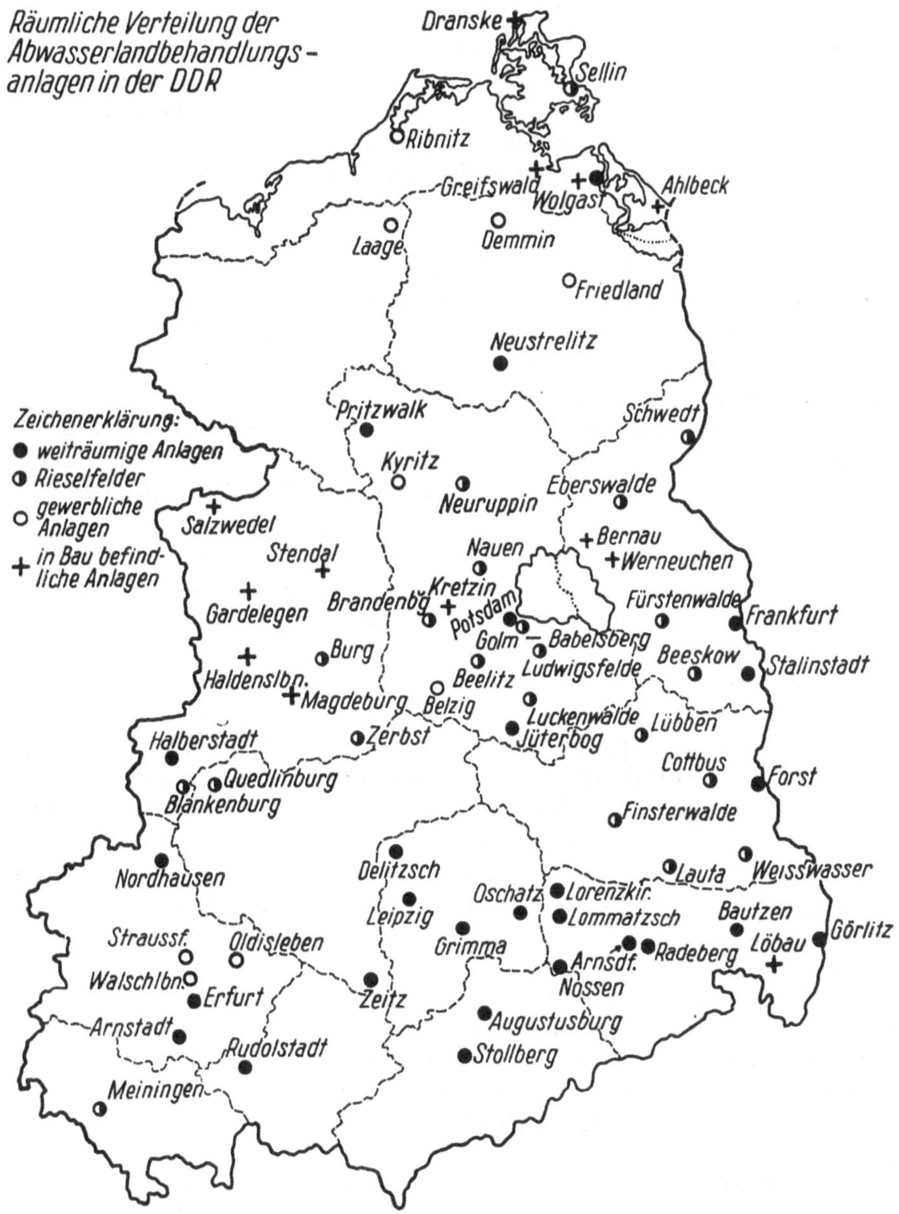

Abb. 1

Darüber hinaus sind noch nähere Angaben über die einzelnen Vorhaben, aufgeschlüsselt nach Rieselfeldern und weiträumigen Landbehandlungsanlagen (gemeindliche und gewerbliche Anlagen) in Tab. IV, V und VI aufgeführt.

Es geht hieraus die Bedeutung der Abwasserlandbehandlung für die Landwirtschaft, Landeskultur und Wasserwirtschaft hervor. Insgesamt wird zur Zeit der Abwasseranfall von 56 Städten mit 6 Millionen Einwohnern und 12 Gewerbebetrieben durch die Landbehandlung produktiv ausgenutzt und gereinigt. Hierbei nimmt die Stadt Berlin, deren Gesamtabwasser einschließlich der Westsektoren fast ausschließlich im Gebiet der DDR zur Verrieselung kommt, den Hauptanteil ein. Bei einer Jahresmenge von 325 Millionen cbm Abwasser beträgt die insgesamt erschlossene Fläche 43808 ha, macht also rund 0,7% der landwirtschaftlichen Nutzfläche der DDR aus. Die jährliche Bewässerungsfläche beläuft sich in Anbetracht der Weiträumigkeit der meisten modernen Anlagen jedoch nur auf 22214 ha.

Eine eingehende Behandlung der weiträumigen Anlagen wird in den nächsten Spezialabschnitten vorgenommen. Es sollen daher lediglich an dieser Stelle einige Bemerkungen über die noch bestehenden Rieselfelder eingefügt werden.

Das Zahlenverhältnis der Rieselfeldanlagen zu den weiträumigen Anlagen beläuft sich auf 1 : 1. Ihre Kapazität ist jedoch sowohl im Hinblick auf die Gesamtzahl der an die Landbehandlung angeschlossenen Einwohner als dementsprechend auch auf die abgenommene Abwassermenge derzeit noch größer als bei den weiträumigen Anlagen. Hieraus wird in Anbetracht der Gesamtlage deutlich, daß auch in Zukunft noch mit den Rieselfeldanlagen älteren Typs gerechnet werden muß.

Hierbei darf nicht übersehen werden, daß trotz der großen Bedeutung einer möglichst produktiven Ausnutzung des Abwassers durch die Landwirtschaft die Aufgabe der Abwasserreinigung im Vordergrunde steht. Es ist daher falsch, die bestehenden Anlagen in technischer und landwirtschaftlicher Hinsicht weiter aus dem Auge zu verlieren. Aufwendungen für ihre Instandhaltung wie auch gewisse Umstellungen und Erweiterungen erscheinen vielmehr durchaus als gerechtfertigt.

Entsprechend den jeweiligen natürlichen und landwirtschaftlichen Verhältnissen sowie der Größe des Objektes ist hier zu überprüfen, in welcher Form die auch für den Reinigungseffekt ausschlaggebende Abwasserbelastung der Flächen gesenkt werden kann. Dies läßt sich ohne wesentliche Änderung der bisherigen Betriebsform einmal dadurch erreichen, daß zusätzliches Land erschlossen und gleichzeitig Wert auf eine Vergrößerung der einzelnen Rieseltafeln gelegt wird. Bei größeren Vorhaben kann aber auch die Ausscheidung einzelner Flächen als stark belastete Bodenfilter recht zweckmäßig sein, um ohne zusätzlichen Geländebedarf auf den übrigen Flächen einen an die landwirtschaftlichen Belange angepaßten Verwertungsbetrieb betreiben zu können. Dieser Weg wurde vom Institut für Kulturtechnik der Humboldt-Universität nach entsprechenden Voruntersuchungen als Teilmaßnahme für die Umstellung des Projektes Groß-Berlin vorgeschlagen [7]. Er hat viel Aussicht auf Erfolg. In einzelnen Fällen kann ferner eine Umstellung der Rieselfeldwirtschaft auf einen kombinierten Verwertungsbetrieb in Frage kommen, wobei dann die bisherigen Stautafeln weitgehend als Ausgleichsflächen fungieren. Dieser Weg ist allerdings mit einem erheblichen Mehraufwand ver-

bunden. Er wurde in Jüterbog beschritten und erscheint dort bei günstigen natürlichen Verhältnissen und einer bedeutenden Vergrößerung des Abwasseranfalls gerechtfertigt.
Zusammenfassend läßt sich aus diesen Angaben entnehmen, daß die Bedeutung der Abwasserlandbehandlung in der DDR eine recht beachtliche ist. Es geht aber auch daraus hervor, wie groß der Aufgabenbereich noch ist, den es im Interesse einer allgemeinen Verbesserung der Gesamtsituation zu bewältigen gilt. Neben der Weiterentwicklung der bestehenden Vorhaben zu reinigungsmäßig und landwirtschaftlich voll befriedigenden Anlagen wird die verstärkte Einrichtung weiterer Gebiete erforderlich. Hierzu kommt es, um eine Einseitigkeit und sich hieraus ergebende Fehlplanungen zu vermeiden, einmal darauf an, die Möglichkeiten und Grenzen des Landbehandlungsverfahrens genau zu erkennen und zum anderen im Interesse eines reibungslosen Verwertungsbetriebes die neuen Betriebserfahrungen und wissenschaftlichen Erkenntnisse zu berücksichtigen. Beide Gesichtspunkte sollen daher auch den Kernpunkt des Hauptabschnittes 3 dieser Abhandlung darstellen.

2,42 Die Verhältnisse in der Bundesrepublik

Die vor kurzem veröffentlichten Ergebnisse von Erhebungen der Abwassertechnischen Vereinigung, des Bundesministeriums für Ernährung, Landwirtschaft und Forsten sowie der Wasser- und Bodenverbände ermöglichen einen genauen Überblick über den neuesten Stand und die Entwicklungstendenzen der Abwasserlandbehandlung in der Bundesrepublik. Besonders aufschlußreich sind die vom Arbeitsausschuß „Landwirtschaftliche Verwertung häuslicher und gewerblicher Abwässer" der ATV[1]) zusammengestellten Angaben [177]. Sie wurden nach anderen Gesichtspunkten geordnet und in einigen Punkten abgeändert übernommen.
Einzelheiten über den derzeitigen Stand sind aufgeschlüsselt nach gemeindlichen und gewerblichen Anlagen den Tab. VII und VIII zu entnehmen. Lediglich die wichtigsten Daten sind, geordnet nach Rieselfeldern und weiträumigen Anlagen sowie gemeindlichen und gewerblichen Vorhaben, als Beurteilungsgrundlage in der nachstehenden Tabelle zusammengestellt, wobei zum Vergleich der Verhältnisse in der DDR auf die entsprechende Tab. 2 auf S. 28 verwiesen wird.
Von besonderem Interesse ist hierbei die relativ hohe Anzahl an gewerblichen Anlagen sowie das durch eine rege Bautätigkeit in den letzten Jahren bedingte günstige Verhältnis zwischen Rieselfeldern und weiträumigen Anlagen. Bemerkenswert erscheint auch die beachtliche Durchschnittsgröße der Rieselfeldanlagen und hierzu im Gegensatz das relativ geringe Flächenmittel der weiträumigen Verwertungsgebiete. Es deutet darauf hin, daß sich in den letzten Jahren vor allem Klein- und Mittelstädte zur landwirtschaftlichen Verwertung entschlossen haben (s. a. Tab. VII). Aufschlußreich sind ferner die Werte für die Abwasserbelastung der Flächen. Aus ihnen geht deutlich hervor, daß die landwirtschaftliche Forderung nach geringeren Abwassergaben bei den neuen Anlagen in vollem Umfang berücksichtigt worden

[1]) Abwassertechnische Vereinigung.

ist. Interessant sind schließlich noch die Werte für die jährlich abgenommene Abwassermenge. Mehr als zwei Drittel gehen auf das Konto der zahlenmäßig geringeren Rieselfeldanlagen, was ihre Bedeutung für die Abwasserreinigung trotz der landwirtschaftlichen Mängel auch unter den derzeitigen Verhältnissen noch nachdrücklichst unterstreicht.

TABELLE 3

Übersicht über den Stand der Abwasserlandbehandlung in der Bundesrepublik 1955

	gemeindliches Abwasser		gewerbliches Abwasser	
	Rieselfelder	weiträumige Anlagen	Rieselfelder	weiträumige Anlagen
Zahl der Anlagen	21	43	4	34
Größe des erschlossenen Gebietes/ha	3040	6693	217	1484
jährliche Abwassermenge/cbm	68345000	34984000	5540000	5579000
Abwasserbelastung mm/ha	2768	431	2791	318
∅ Größe d. Verwertungsgebietes	96 (außer Dortmund)	70 (außer Bremen)	54	46
			davon:	
			Stärkefabrikabwasser 1	4
			Zuckerfabrikabwasser 1	8
			Molkereiabwässer 1	17
			Sonstiges 1	5

Während das Material der ATV nur die Ortschaften über 5000 Einwohner beinhaltet, gibt die unter dem Gesichtspunkt des zusätzlichen Wasserverbrauches erfolgte Zusammenstellung des Bundesernährungsministeriums [205] einen Gesamtüberblick über die Verwendung von Abwasser aus Siedlungen und Industrien für bestehende Bewässerungsanlagen (Stand Herbst 1952).

Einschließlich der Kleinstvorhaben (meist Berieselungsanlagen) beläuft sich danach die Zahl der Landbehandlungsanlagen auf insgesamt 287. Sie konzentrieren sich in der Hauptsache auf die Länder Bayern und Niedersachsen mit erheblich voneinander abweichenden natürlichen Verhältnissen. Die in der obigen Texttabelle angegebene Flächengröße wird hierdurch nur unerheblich beeinflußt und für die verwertete Jahresabwassermenge ist sogar ein geringerer Wert als bei den ATV-Ermittlungen verzeichnet. Diese Abweichungen liegen im Bereich der Fehlerquellen derartiger Erhebungen. Sie müssen besonders dann in Kauf genommen werden, wenn diese auf einer schriftlichen Umfrage basieren und die Zielsetzung eine unterschiedliche ist. Daß es sich im übrigen bei der Differenz hinsichtlich der Anlagenzahl um Kleinstvorhaben handelt, wird durch die Angaben von TEX-

TOR [179], nach denen es insgesamt nur 85 Abwasserverwertungsverbände in der BRD gibt, unterstrichen.

Einen Überblick über die Bautätigkeit in jüngster Zeit und weitere Gesichtspunkte der Projektaufstellung und Einrichtung von Abwasserlandbehandlungsanlagen vermittelt die folgende Zusammenstellung, in der die nach 1945 in Betrieb genommenen sowie die zur Zeit noch in Bau befindlichen Anlagen aufgeführt sind.

TABELLE 4

Die Bautätigkeit von Abwasserlandbehandlungsanlagen in der BRD nach 1945

(zusammengestellt nach Einzelangaben von H. Struve)

	Zahl der Anlagen			Größe der Verwend. Fläche	⌀ Größe der Verwend. Fläche pro Anlage	⌀ AW-Belastung	⌀ AW-Anfall cbm/Tag pro Anlage
	insgesamt	gemeindlich	gewerblich	ha		ha	
fertiggestellt bis 1955	55	28	27	2436	44,3 ha	360 mm	440
im Bau befindlich (Nordrhein-Westfalen)	7	2	5	1467	209,0 ha	576 mm	3357

Besonders deutlich ist wiederum das ausgeglichene Verhältnis zwischen gemeindlichen und gewerblichen Anlagen sowie die Verlagerung der Bautätigkeit auf mittlere und kleinere Landbehandlungsanlagen zu erkennen. Allgemein ist festzustellen, daß man neuerdings in der Bundesrepublik an der Landbehandlung geeigneter gewerblicher Abwässer, zu denen neben der Nahrungsmittelindustrie nach neueren Untersuchungen auch die der Textilveredlungsindustrie gehören, stärker interessiert ist als an der Ausnutzung des städtischen Abwassers. Es ist dies einmal auf das weitgehende Versagen der künstlich-biologischen Verfahren bei den genannten Abwasserarten zurückzuführen. Zum anderen dürfte die stärkere Bautätigkeit von gewerblichen Anlagen auch auf die größere Finanzkraft der Abwasserlieferanten (Werke) sowie die geringeren hygienischen Schwierigkeiten zurückzuführen sein.

Die Bevorzugung kleinerer Projekte (durchschnittlicher Abwasseranfall von 550 cbm/Tag) ergibt sich aus der starken Besiedlungsdichte, da es im Umkreis der größeren Städte häufig nicht möglich ist, genügend große zusammenhängende Bewässerungsflächen zu finden. Sie dürfte ferner auf die geringere Schwierigkeit einer ganzjährigen Abwasserunterbringung, die in jedem Falle gefordert wird, zurückzuführen sein. Aufschlußreich ist in dieser Hinsicht ein Vergleich mit den diesbezüglichen Tendenzen in der DDR (s. S. 28). Hier beläuft sich die durchschnittliche Größe der neu eingerichteten Verwertungsgebiete auf 312 ha, also das achtfache. Abgesehen von dem Vorhaben Braunschweig besteht gegen Großvorhaben, wie die Aufgabe der Projekte von Hamburg und Düsseldorf zeigt, eine gewisse Aversion. Besonders SCHREIER [159] hat sich hiergegen ausgesprochen. Er weist daraufhin, daß bei der weiträumigen Verwertung das Verhältnis zwischen der Größe des Stadtgebietes und der Bewässerungsfläche 1 : 1 beträgt, was bei dichtbesiedelten Gebieten zu einem gegenseitigen Hemmen in der räumlichen Entwicklung führt. Ferner wird der Kostenaufwand bei einer weiträumigen Verwertung des Abwassers von Großstädten für nicht mehr wirtschaftlich tragbar und das Vorhaben auch landwirtschaftlich gesehen als über das Ziel hinausgehend bezeichnet. Diese nur z. T. berechtigten Einwände wurden in erster Linie auf Grund von Berechnungen am Beispiel von Düsseldorf gemacht, wonach die Baukosten für die Landbehandlung 136 DM pro Kopf der Bevölkerung betragen und der jährliche Betriebsaufwand über 10 DM pro Kopf ausmachen sollten.

Bemerkenswert an der Tab. 4 ist noch der leichte Anstieg der Abwassermenge/ha bei den im Bau befindlichen Anlagen. Es kann dies einmal auf die Schwierigkeiten der Geländebeschaffung in dicht besiedelten Gebieten zurückzuführen sein, hängt aber sicher auch mit der in wasserarmen Gebieten besonders notwendigen Verbesserung des Grundwasserhaushaltes zusammen, da hierfür stärkere Abwassergaben infolge des größeren Sickerwasseranteils zweckmäßiger sind. Die Bielefelder Anlage im Sennegebiet [88] kombiniert diese wasserwirtschaftliche Aufgabenstellung mit den landwirtschaftlichen Belangen in sehr zweckmäßiger Weise. Bei 400 ha Beregnungsfläche und 220 ha Rieselland beläuft sich die jährliche Abwassermenge auf 800 mm. Sie gelangt im Interesse einer ordnungsgemäßen Trinkwassergewinnung erst nach einer biologischen Vorreinigung (Tropfkörperverfahren) auf die Landfläche. Der hierdurch vermehrte Kostenaufwand wird in diesem Falle in Kauf genommen, da als Äquivalent ausreichend einwandfreies Trinkwasser zur Verfügung gestellt werden kann. Die Belastungsgrenze und auch der Kostenaufwand richten sich also auch weitgehend nach dem jeweiligen volkswirtschaftlichen Erfordernis.

Gegenüber den Vorkriegsanlagen ist bei allen neueren Vorhaben eine bedeutende Verbesserung der technischen Einrichtungen erkennbar. Die erst vor kurzem fertiggestellte Anlage in Memmingen, über die ORTEGEL [126] und BACHMANN [3] berichten, mag hierzu als Beispiel dienen. Sie zeichnet sich besonders durch neuzeitliche und weitgehend automatische Vorreinigungs- und Schlammbehandlungsanlagen aus und ist auch sonst wegen ihrer modernen, betriebs- und arbeitswirtschaftlich günstigen Einrichtung im Verwertungsgebiet bemerkenswert. Besonders hervorzuheben sind die weitgehende Ausnutzung des natürlichen Gefälledruckes, ein Hydrantenabstand von nur 45–90 m, die Auswahl der Beregnungsgeräte in Anpassung an die natürlichen Verhältnisse und wirtschaftlichen Erfordernisse (Langsam-, Mittel- und Starkberegnung), die Einführung der Nachtberegnung ohne Bedienungspersonal durch selbsttätige Schalteinrichtungen sowie das Vorhandensein einer 21 ha (= 3% der Gesamtfläche) großen Entlastungsfläche zur ganzjährigen Abwasserabnahme. Von wissenschaftlichem Interesse ist der Einbau einer Reihe von Versuchseinrichtungen, die den verschiedensten Institutionen zur Verfügung stehen.

Über die im Vordergrund des Interesses stehende Wirtschaftlichkeitsfrage geben neuere Untersuchungen von ANGERER [2] in Niedersachsen Aufschluß. Es wurden insgesamt 22 Anlagen aufgenommen, von denen 8 Molkerei-, 4 Zuckerfabrik-

und 10 häusliche Abwässer verwerten. Als Beurteilungsmaßstab ist der Jahresnutzwert je Kubikmeter Abwasser den Jahreskosten gegenübergestellt, wobei sich für die einzelnen Abwasserarten nachstehendes Bild ergibt:

TABELLE 5

	Jahreskosten Pfg. je cbm Abwasser	Nutzungswert Pfg.	Saldo
Durchschnitt d. untersuchten Molkereianlagen (Verregnung)	23,0	16,0	= —7,0 DPfg./cbm
Zuckerfabrikanlagen (Verregnung)	18,5	14,0	= —4,5 DPfg./cbm
Häusliche Abwasseranlagen			
Stauberieselungsanlagen	2,3	4,3	= + 2,0 DPfg./cbm
Verregnungsanlagen	16,0	22,5	= + 6,5 DPfg./cbm

Die Zahlen sind einschließlich der negativen Bilanzwerte bei den Molkerei- und Zuckerfabrikanlagen durchaus als günstig zu bezeichnen. Zeigt sich hieraus doch eindeutig, daß dort, wo die Reinigung gemeindlicher Abwässer durch die Landbehandlung am Platze ist, jedes andere Verfahren schon im volkswirtschaftlichen Interesse zurücktreten sollte. Ferner läßt sich entnehmen, daß die Anforderungen für die künstliche Klärung der beiden gewerblichen Abwasserarten 7 bzw. 4,5 DPfg. als Gesamtjahreskosten pro Kubikmeter nicht übersteigen dürften, was in Anbetracht der schwierigen Aufbereitung beinahe eine Unmöglichkeit ist.
In organisatorischer Hinsicht sind die Bemühungen um einheitliche Richtlinien für den Bau, Betrieb und die Unterhaltung der Anlagen sowie die Klärung der hygienischen Seite von Interesse. Dieser in Anbetracht der weitgehenden Selbständigkeit der einzelnen Bundesländer wichtigen Aufgabe hat sich die ATV mit der Ausarbeitung von Durchführungsrichtlinien für die landwirtschaftliche Abwasserverwertung durch ganzjährige Landbehandlung unterzogen. Anläßlich der Wiesbadener Tagung 1952 [178] wurde der erste Entwurf zur Diskussion gestellt. Er enthält neben technischen und landwirtschaftlichen Grundsätzen Angaben über die finanzielle Seite, behandelt darüber hinaus aber auch übergeordnete Gesichtspunkte, wie z. B. die Eingliederung der Projekte in die Landesplanung. Bemerkenswert sind insbesondere die hierin aufgeführten Gesichtspunkte zur Beurteilung des volkswirtschaftlichen und privatwirtschaftlichen Nutzens bei der Projektaufstellung. So wird vorgesehen, neben der voraussichtlichen mittleren Steigerung der Roherträge u. a. die Auswirkungen der Maßnahmen auf den Gesamtwasserhaushalt zu berücksichtigen. Ferner heißt es, ,,daß dem Landwirt nach Bestreitung des der tragbaren Belastung entsprechenden Verbandsbeitrages, des tragbaren Kapitaldienstes für die Folgemaßnahmen und der durch die intensivere Wirtschaftsweise erhöhten Betriebskosten ein genügend großer Betriebsüberschuß bleiben muß, damit er ein ständiges Interesse an der pflegsamen Aufrechterhaltung der landwirtschaftlichen

Abwasserverwertung behält". Bezüglich der Kostenaufteilung zwischen Stadt und Land soll auch weiterhin gemäß dem Erlaß vom 5. 2. 1935 verfahren werden, wonach der Abwassererzeuger für den Bau und laufenden Betrieb diejenigen Kosten zu tragen hat, die für eine künstlich biologische Anlage erforderlich sind.

Im Hinblick auf die dringend notwendige Verbesserung der Aufsicht und Unterhaltung der Anlagen, auf die ORTEGEL [126] nachdrücklichst hinweist, verdient die von BILLIB [18] vorgeschlagene, bisher aber nur im Regierungsbezirk Stade eingeführte Schauordnung, die ein zweimaliges Schauen der Anlagen bei gleichzeitiger Überwachung der hygienischen Erfordernisse vorsieht, besondere Beachtung. Ferner ist in der kürzlich erfolgten Herausgabe von einheitlichen hygienischen Richtlinien für die Bewässerung und die Verwendung von Abwasserrückständen (DIN-Blatt 19650) ein beachtlicher Fortschritt zu sehen, da ein Teil der Länder noch an den z. T. überholten Richtlinien vom 8. 7. 1942 festhielt, während Bayern sowie der Regierungsbezirk Stade bereits neue, voneinander abweichende Anordnungen herausgegeben hatten (s. S. 40).

Es ist also festzustellen, daß die Abwasserlandbehandlung im Bundesgebiet trotz zunächst starker Gegenströmungen von seiten der Klärtechnik dank des tatkräftigen Einsatzes einiger führender Landeskulturvertreter einen erheblichen Aufschwung genommen hat. Die Entwicklung in den letzten Jahren verlief in den einzelnen Ländern unterschiedlich. Während in Bayern, Niedersachsen und auch Nordrhein-Westfalen eine rege Bautätigkeit zu verzeichnen ist, weisen die anderen Länder nur vereinzelt neue Vorhaben auf. Besonders beachtenswert ist allenthalben die moderne technische Ausrüstung der Anlagen. Als oberster Gesichtspunkt bei der Projektierung gilt die Senkung der laufenden Betriebskosten. Sie wird in erster Linie durch Beachtung arbeitswirtschaftlicher Gesichtspunkte erreicht, wozu vor allem auch die neuen Entwicklungen der Beregnungsindustrie beitragen. Allgemein auffallend ist ferner die weitgehende Konzentration der Bautätigkeit auf kleinere Vorhaben sowie die starke Zunahme der gewerblichen Abwasserlandbehandlungsanlagen. Dieser neue Weg schließt eine Reihe von Schwierigkeiten weitgehend aus, die bisher vom Standpunkt der ganzjährigen Abwasserunterbringung und der Rücksichtnahme auf hygienische Belange nicht immer zu vermeiden waren. Er läßt zwischen der natürlichen und künstlich-biologischen Abwasserreinigung eine gewisse Aufgabenteilung erkennen, die auch unter dem Gesichtspunkt der stark im Vordergrund stehenden Wirtschaftlichkeitsfrage recht zweckmäßig und zukunftsreich erscheint.

2,43 Zusammenfassung statistischer Angaben sowie gesetzlicher Unterlagen

Ergänzend zu den bisherigen Ausführungen soll der Entwicklungsgang und -stand der Abwasserlandbehandlung im gesamtdeutschen Rahmen noch durch einige statistische Angaben zusammenfassend gekennzeichnet werden. Die verwendeten Zahlenwerte wurden aus Mitteilungen von LACOUR [98], KREUZ [89], BRIX, IMHOFF, WELDERT [26] sowie STRUVE [177] entnommen und durch gewisse Korrekturen aufeinander abgestimmt bzw. gemeinsam vom Verfasser und dem Institut für Wasserwirtschaft der DDR durch Erhebungen neu ermittelt. Sie besitzen keinen Anspruch auf absolute Vollständigkeit, dürften aber als die derzeit umfassendste Unterlage anzusehen sein.

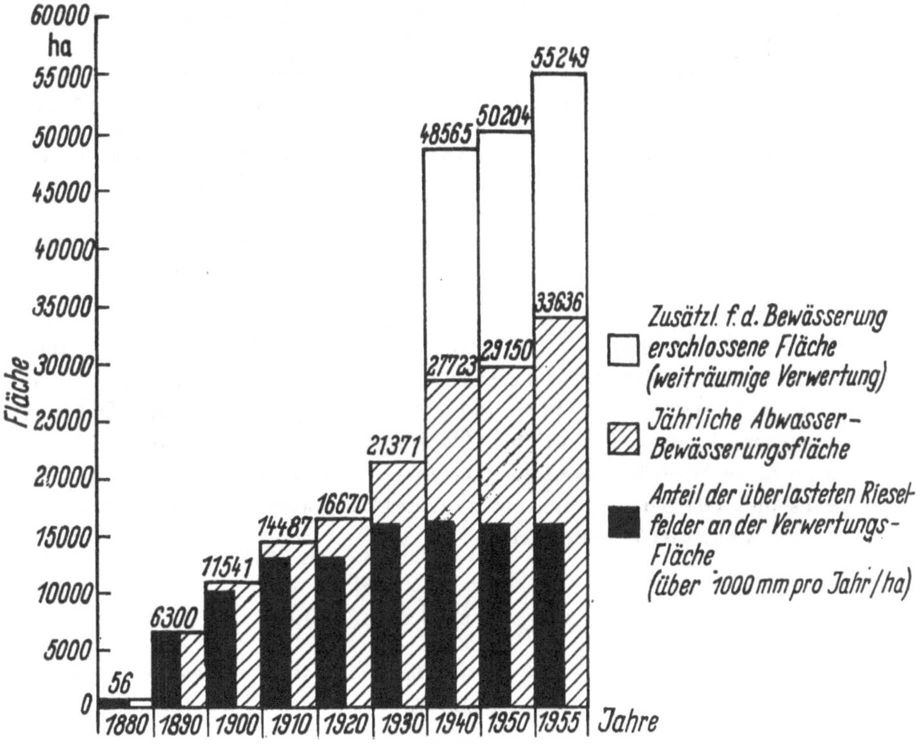

Abb. 2

Die Flächenentwicklung der Abwasserlandbehandlung in Deutschland von 1875–1955: Aus der vorstehenden Abb. 2, in der die Ausdehnung der Verwertungsflächen in Abständen von 10 Jahren dargestellt ist, geht der Entwicklungsrhythmus recht deutlich hervor, obwohl durch Wegfall der Ostgebiete nach beiden Weltkriegen (6000 ha nach dem Stande von 1939) das tatsächliche Bild noch verwischt wird. Insbesondere wird hier auch die vom landwirtschaftlichen Standpunkt so wichtige Zunahme des Einflusses der weiträumigen Abwasserlandbehandlung ab 1930 sichtbar.

Die zahlenmäßige Entwicklung der Abwasserlandbehandlung: Die obigen Angaben werden noch bezüglich der angeschlossenen Einwohnerzahlen sowie der zur Verwertung gelangenden Abwassermenge durch die Tab. 6 ergänzt. Sie vermittelt eine gute Grundlage für die Beurteilung der volkswirtschaftlichen Bedeutung, indem sie sowohl für die Stellung der Abwasserlandbehandlung im Rahmen des landwirtschaftlichen Meliorationswesens als auch für die Lösung des Abwasserproblems wichtige Hinweise liefert (s. S. 41–46).

TABELLE 6

Zahlenmäßige Entwicklung der Abwasserlandbehandlungsanlagen in Deutschland[1])

Jahr	Zahl der erf. Anlagen insgesamt	Zahl der erf. Anlagen davon weiträumig	Zahl der angeschlossenen Einwohner	Größe der gesamten Verwert. Fläche ha	Abwassermenge m³/Jahr
1914	19	0	4561665	14380	218067840
1932	51	5	5880202	19715	286935760
1955	170	115	6500000	55242 erschl. Fläche 33636 jährlich bew. Fläche	438945200

Die Abwasserbelastung der Flächen im Laufe der Entwicklung. Hierzu wurden die Zahlenangaben über die jährlich verwertete Abwassermenge und die Zahl der angeschlossenen Einwohner auf die Verwertungsfläche bezogen. Die Daten für die Leipziger Anlage blieben dabei 1955 unberücksichtigt, weil sie infolge ihrer außerordentlichen Weiträumigkeit das tatsächliche Bild verwischen. Ferner ist neben den Durchschnittswerten zur Kennzeichnung des Schwankungsbereiches der oberste und unterste Grenzwert mit angegeben.

TABELLE 7

Die Abwasserbelastung der Landbehandlungsflächen in Deutschland im Laufe der Entwicklung

Jahr	⌀ Zahl der Einwohner/ha	geringste Einwohnerbelastung	größte Einwohnerbelastung	⌀ Abwassermenge mm/ha/Jahr	geringste Abwasser-Belastung mm/ha	stärkste Abwasser-Belastung mm/ha
1914	317	120	2500	1515	540	19980
1932	293	75	2555	1456	120	20580
1955 a[2])	229	35	1650	1345	90	16000
b[3])	184	11	1650	1107	75	16000

Das Bestreben nach Verringerung der Abwasserbelastung/ha ist deutlich zu erkennen. Trotz der betonten Weiträumigkeit aller modernen Anlagen wurde jedoch

[1]) Die nicht mehr zu Deutschland gehörenden Anlagen wurden nicht berücksichtigt. Ihre Zahl betrug 1932 17 Rieselfelder und vier weiträumige Verwertungsgebiete.

[2]) a) = bezogen auf jährliche Bewässerungsfläche.

[3]) b) = bezogen auf erschl. Fläche.

die Gesamtsituation noch nicht in dem wünschenswerten Maße zugunsten einer rationellen Abwasserausnutzung verändert und der Einfluß der Rieselfeldanlagen mit einem Anteil von 65 Anlagen zu der Gesamtzahl 170 ist immer noch unverkennbar.

Anschließend werden noch zur Kennzeichnung der staatlichen Förderung der Abwasserlandbehandlung die wichtigsten Gesetze, Erlasse und Richtlinien angeführt und kurz kommentiert.

I. Administrative Regelungen bis 1945

a) Gesetze:

1. Das Preußische Wassergesetz vom 7. 4. 1913.

   In § 206 und folgenden sind genaue Vorschriften über die Bildung von Wassergenossenschaften enthalten.
2. Ergänzung zum Preußischen Wassergesetz vom 14. 3. 1924.
   Hiernach können nunmehr bereits auf Mehrheitsbeschluß der Beteiligten Wassergenossenschaften zur Verwertung städtischer Abwässer gebildet werden.
3. Gesetz über die Wasser- und Bodenverbände vom 10. 2. 1937.
   Hierdurch wird die Bildung derartiger Verbände einheitlich für ganz Deutschland geregelt. Im § 2 Ziff. 4 wird ausdrücklich die Aufgabe gestellt, Abwässer abzuführen zu verwerten, zu reinigen und unschädlich zu machen.
4. Erste Verordnung über die Wasser- und Bodenverbände vom 30. 7. 1937 (siehe 3).

b) Erlasse:

1. Erlaß des Reichs- und Preußischen Ministers für Ernährung und Landwirtschaft sowie des Ministers des Innern vom 5. 2. 1935. Es wird die Bedeutung der landwirtschaftlichen Abwasserverwertung für die Steigerung der Erträge herausgestellt (häusliche Abwässer). Künstliche Kläranlagen dürfen danach nur dann errichtet werden, wenn eine Landbehandlung nicht zweckmäßig ist.
2. Erlaß des Reichs- und Preuß. Ministers für Ernährung und Landwirtschaft sowie des Ministers des Innern vom 21. 9. 1935.
   In Anlehnung an b1. wird festgelegt, wann die landwirtschaftliche Abwasserverwertung zweckmäßig erfolgen soll.
3. Erlasse des Reichs- und Preuß. Wirtschaftsministers und des Ministers für Ernährung und Landwirtschaft vom 28. 5. 1936 und 7. 11. 1936. Der Erlaß vom 5. 2. 1935 wird auf die gewerblichen Abwässer erweitert.
4. Runderlaß des Reichsministers für Ernährung und Landwirtschaft vom 16. 12. 1938. Hiernach ist jedes Abwasserreinigungsvorhaben vom Reichsernährungsministerium auf seine Eignung für die Abwasserlandbehandlung zu überprüfen.

c) Richtlinien:

1. Richtlinien für die Reinigung und Verwertung von Abwässern in der Landwirtschaft vom 20. 11. 1926. Es werden allgemeine Anhaltspunkte für die landwirtschaftliche Abwasserverwertung gegeben.
2. Richtlinien des Deutschen Gemeindetages für die landwirtschaftliche Verwertung der gemeindlichen Abwässer vom Jahre 1936. Es werden in elf Abschnitten die bei der Planung neuer Anlagen zu berücksichtigenden wichtigsten Gesichtspunkte als Richtschnur dargelegt [207].

3. Richtlinien des Generalinspekteurs für Wasser- und Energie vom 8. 7. 1942 für die landwirtschaftliche Verwertung städtischer Abwässer [59].
Veranlassung zur Herausgabe dieser z. T. stark ins einzelne gehenden, aber die Kardinalpunkte vernachlässigenden Richtlinien war die durch SEIFERT ausgelöste Auseinandersetzung über die landwirtschaftliche Abwasserverwertung.

II. Neue Verfügungen nach 1945

A. DBR [169]

1. Bekanntmachung des Bayerischen Staatsministeriums des Innern über vorläufige Richtlinien zur landwirtschaftlichen Abwasserverwertung vom 13. 8. 1951. Zur weiträumigen Verteilung $1^1/_2$–2stündige Klärdauer, Sicherstellung der ganzjährigen Abnahme, Gemüseanbau unzulässig [208].
2. Hygienische Richtlinien für die Planung, den Bau und Betrieb( ) von landwirtschaftlichen Abwasserverwertungsanlagen im Regierungsbezirk Stade vom 25. 10. 1950. Es werden u. a. eine Überwachung der Anlagen in technischer und hygienischer Hinsicht angeordnet (Schauordnung) [19].
3. Hygienische Richtlinien zur Bewässerung und Verwertung von Abwasserrückständen. – DIN 19650 [211].

B. DDR

1. Richtlinien zur Verrieselung und Verregnung der Berliner Abwässer. Verordnungsblatt für Groß-Berlin vom 22. 7. 1950.
2. Verordnung über die Organisation der Wasserwirtschaft vom 28. 2. 1952. Auflösung der Wasser- und Bodenverbände bis 31. 12. 1953 und teilweise Übernahme ihrer Aufgaben durch die volkseigenen Wasserwirtschaftsbetriebe.
3. Verordnung über die hygienische Überwachung von Wasser- und Abwasser vom 22. 7. 1953. Hiernach unterliegen Wasser- und Abwasseranlagen der hygienischen Überwachung durch die Gesundheitsbehörden. Die Abwasserverwertung muß derart erfolgen, daß eine allgemeine Gefahr für die menschliche Gesundheit nicht entstehen kann. Ferner wird eine spezielle Vorbehandlung von Abwässern aus Krankenanstalten und Schlachthöfen angeordnet.
4. Statut der VdgB (BHG) für die Meliorationsgenossenschaften vom 16./17. 11. 1955. Hierin wird die landwirtschaftliche Praxis zur Bildung von Meliorationsgenossenschaften aufgefordert, deren Aufgabe es u. a. ist, Bewässerungsanlagen jeder Art auf den Grundstücken der Mitglieder gemeinschaftlich zu betreiben und zu unterhalten (d. h. bei Abwasserverwertung vom Hydranten bzw. Zuleiter ab).
5. Verordnung über die Regelung der Abwasserreinigung vom 15. 3. 1956. Es handelt sich um generelle Bestimmungen, die der Kommunalwirtschaft, der Industrie und den Gewerbebetrieben, insbesondere bei Neubauten und Erweiterungen, konkrete Reinigungsaufgaben stellen. Als Maßstab für die Reinigungsgüte wird die Einhaltung der vom Amt für Wasserwirtschaft festgelegten Abwasserlast in dem betreffenden Wasserlauf angegeben. Für die Einrichtung von Verwertungsvorhaben ist die Zustimmung der zuständigen Kreis-Hygieneinspektion erforderlich.

2,5 Die Stellung der Abwasserlandbehandlung im Rahmen der Land- und Wasserwirtschaft

Zur Beurteilung der volkswirtschaftlichen Bedeutung der Abwasserlandbehandlung soll im letzten Abschnitt des allgemeinen Teiles ihr derzeitiger Beitrag zur Steigerung der landwirtschaftlichen Produktion sowie insbesondere zur Lösung der Abwasserfrage behandelt werden.

2,51 Ihre Bedeutung als Meliorationsmaßnahme

Über den Einfluß des Abwassers auf die Erhöhung und Sicherung der Ernten sowie ihre Auswirkung auf die Leistungssteigerung der übrigen landwirtschaftlichen Betriebszweige liegen zahlreiche Angaben von Wissenschaft und Praxis vor. Sie werden im folgenden Teil der Arbeit ausführlich behandelt, weswegen an dieser Stelle lediglich auf einige volkswirtschaftliche Gesichtspunkte eingegangen wird. Hierbei ist zunächst die durch eine zweckmäßige Abwasserbewässerung erreichbare Standortsverbesserung im Vergleich zu anderen Meliorationsformen von Interesse. Sie wird von BLOCH [22] bei weiträumiger Verteilung mit 30% angegeben und liegt nach diesem durchaus als real zu bezeichnenden Wert in der Gruppe der erfolgversprechendsten Maßnahmen, was ihre landwirtschaftliche Bedeutung grundsätzlich unterstreicht. In erster Linie ist hieran der sogenannte Wasserwert beteiligt, während der Nutzeffekt der Abwassernährstoffe, den die volkswirtschaftlichen Betrachtungen von ZUNKER [201], STRUVE [178] und KREUZ [90] unter dem Gesichtspunkt der Einsparung von mineralischen Düngemitteln in den Vordergrund stellen, überschätzt wurde. Immerhin bleibt festzustellen, daß bei einem Durchschnittsgehalt der gemeindlichen Abwässer von 64 mg/l N, 47 mg/l K_2O und 13 mg/l P_2O_5 zur Zeit 28000 t Reinstickstoff, 20000 t Kali und 5700 t Phosphorsäure den Landflächen pro Jahr zugeführt werden. Bei einem Ausnutzungsgrad des Stickstoffes von durchschnittlich 40–50% nach eigenen Untersuchungen [164] erklärt dies zumindest die Überlegenheit des Abwassers gegenüber dem Reinwasser. Als absoluter Erzeugungswert von 1 cbm Abwasser werden im groben Durchschnitt 15 Pfg. angegeben, was für eine Bewässerung während der Vegetationszeit von 200 mm einer Rohertragssteigerung um 300 DM/ha entspricht.

Bezüglich der räumlichen Ausdehnung ist anzugeben, daß bei einer landwirtschaftlichen Nutzfläche von 19,94 Millionen Hektar für beide Teile Deutschlands die Verwertungsfläche von 55242 ha einem Anteil von 0,3% entspricht, wobei auf die DDR 0,7% und auf die BRD 0,1% entfallen. Der derzeitige Umfang ist somit insgesamt gesehen recht gering und macht z. B. bei dem derzeitigen Stande kaum $^1/_{20}$ der Entwässerungsfläche aus. Hierbei muß jedoch berücksichtigt werden, daß bereits seit 300 Jahren in Deutschland entwässert wird, während sich die Bewässerung ganz allgemein noch im Anfangsstadium befindet. So beträgt nach neueren Angaben [206], abgesehen von Grünland-Überstauungen mit Flußwasser, die derzeitige Bewässerungsfläche in der Bundesrepublik lediglich 40000 ha[1]), woran die Abwasserverwertung mit 30% Flächenanteil beteiligt ist. Für das Gebiet der DDR liegen trotz der teilweise kontinentaleren Lage die Verhältnisse ähnlich. Der Anteil der Abwassergebiete an der Gesamtbewässerungsfläche ist hier sogar noch höher.

Daß in Anbetracht der vielseitigen Bemühungen um eine Intensitätssteigerung der deutschen Landwirtschaft mit einer erheblichen Änderung der gegenwärtigen Situation zu rechnen ist, ergibt sich aus dem wesentlich vergrößerten Interesse der Praxis an einer zusätzlichen Wasserversorgung und wird durch die Forderung

---

1) Der Wert hat sich in den letzten beiden Jahren nennenswert erhöht.

von ROEMER [137], nach der die zweite Hälfte des 20. Jahrhunderts der Ausdehnung der Bewässerung gehören muß, unterstrichen. Im Hinblick auf die zu erwartende Entwicklung, die weitgehend von der Beschaffung der erforderlichen Wassermengen abhängt, ist daher die Feststellung von BILLIB [20], daß zur Zeit noch rund 80% des gemeindlichen Abwasseranfalles ungenutzt sind und die für eine Verwertung insgesamt in Frage kommenden Abwässer zur zusätzlichen Wasserversorgung von 600000 ha ausreichen, bemerkenswert. Da diese Wasserreserve, wie aus den neuesten Unterlagen West- und Ostdeutschlands [205], [75] hervorgeht, bereits im Rahmen der Bewässerungsperspektivplanungen in erheblichem Maße berücksichtigt worden ist, kann mit einem beachtlichen Anstieg der durch Abwasserzufuhr meliorierten Flächen gerechnet werden.

Zur Zeit ist festzustellen, daß die außerordentlich günstigen Auswirkungen der Abwasserverwertung auf die Steigerung der Rohertragsleistung und die allgemeine Erhöhung der Betriebsintensität noch von absolut lokalem Charakter sind und der volkswirtschaftliche Gesamtwert der Maßnahmen in der Kombination von Ausnutzung und Reinigung begründet liegt.

2,52 Ihr Anteil an der Lösung des Abwasserproblems

Von besonderem Interesse erscheinen ihre Stellung gegenüber den künstlich-biologischen Verfahren sowie zur Kennzeichnung der Gesamtsituation in der kommunalen Abwasserwirtschaft einige Angaben über die Klärverhältnisse. Das diesbezügliche Unterlagenmaterial ist zwar recht unvollständig, bietet aber doch einen gewissen Anhalt.

Zunächst der Entwicklungsstand vom Jahre 1939 für das damalige Reichsgebiet. Auf Grund der Ermittlungen von BRIX, IMHOFF und WELDERT [26] wurde zu diesem Zeitpunkt von HEILMANN [57] erstmalig eine vollständige Übersicht über die Kanalisations- und Abwasserreinigungsverhältnisse für die Städte und Gemeinden über 5000 Einwohner veröffentlicht, die nachstehend wiedergegeben ist.

TABELLE 8

Stellung der Abwasserlandbehandlung im Rahmen der Abwasserreinigung

(Stand 1939)

Anzahl der Bevölkerung in den Städten über → 5000 Einw.		= 35000000 Einw.
Davon an Kanalisationssystem angeschlossen	28000000 Einw.	
an zentrale Kläranlagen angeschlossen	23000000 Einw.	
Abwasserreinigung durch mechanische Anlagen		= 12000000 Einw.
davon durch Rechen oder Siebe in 60 Städten =	50000 Einw.	
durch Absetzbecken in 300 Städten =	7000000 Einw.	
Abwasserreinigung durch biologische Anlagen		= 11000000 Einw.

davon Abwasserlandbehandlungsanlagen in 70 Städten	=	7000000 Einw.
Fischereichanlagen in 10 Städten	=	800000 Einw.
Tropfkörperanlagen in 90 Städten	=	1400000 Einw.
Belebtschlammanlagen in 20 Städten	=	1800000 Einw.

Hiernach wurden vor Beginn des zweiten Weltkrieges rund 20% des häuslichen Gesamtabwasseranfalles durch das Landbehandlungsverfahren ausgenutzt und gereinigt. Im Vergleich zu den künstlichen Verfahren betrug das Verhältnis bezogen auf die Zahl der angeschlossenen Einwohner 2,4 : 1 und zeigt damit deutlich seine Vorrangstellung. Diese geht im übrigen auch aus Angaben von KREUZ [87] hervor, wenn auch hier die Absolutzahlen mit 5 Millionen Einwohnern für die Abwasserlandbehandlung und 3,2 Millionen für die künstlich-biologischen Reinigungsanlagen niedriger und für letztere weit günstiger liegen. Auffallend ist ferner, daß demnach die Durchschnittsgröße der Städte mit Landbehandlungsanlgen bei 100000 Einwohnern liegt, während sich die durchschnittliche angeschlossene Einwohnerzahl bei den künstlich-biologischen Kläreinrichtungen nur auf 29000 pro Anlage beläuft.

Insgesamt vermitteln diese Zahlen gegenüber den neueren Angaben nach 1945 ein recht günstiges Bild. Ist doch festzustellen, daß hiernach 1939 80% der in den Städten und Gemeinden über 5000 Einwohner lebenden Bevölkerung an Kanalisationssysteme angeschlossen waren und jeweils rund ein Drittel des Abwasseranfalles mechanisch geklärt bzw. mechanisch und biologisch gereinigt wurde.

Zur Kennzeichnung des derzeitigen, durch die Kriegs- und Nachkriegseinwirkungen sowie die in der Zwischenzeit erfolgte Bautätigkeit erheblich beeinflußten Entwicklungsstandes wurden die Ergebnisse der neueren Erhebungen und Rundfragen in beiden Teilgebieten Deutschlands ausgewertet. Hierbei handelt es sich im wesentlichen um Angaben der ATV für die Bundesrepublik, die von KUMPF [105] veröffentlicht wurden sowie eine Zusammenstellung von SCHARKOWITZ [144] für das Gebiet der DDR.

Nach dem Stande von 1953 ergibt sich somit für das Gebiet der Bundesrepublik mit 1086 Städten und Gemeinden über 5000 Einwohner folgende Situation:

TABELLE 9

Stand der Kommunalen Abwasserwirtschaft in der BRD

Gesamtzahl der Gemeinden	erfaßte Anzahl	Einwohnerzahl	Anzahl der an Kanalisationen angeschl Einw.		Anzahl der an Kläranlagen angeschl. Einw.	
		Mill.	Mill.	%	Mill.	%
über 100000 E. = 47	47	12,4	10,8	86,4	6,4	60
20— 99000 E. = 177	175	6,5	4,5	69,2	2,3	53
10— 19900 E. = 249	231	3,1	1,8	57,1	0,9	51
5— 9999 E. = 613	485	3,5	1,6	45,9	0,6	34
1086	938	25,5	18,7	73,1	10,2	40

Es sind also von den rund 25 Millionen Einwohnern der erfaßten Städte und Gemeinden 73% an Kanalisationseinrichtungen angeschlossen, von denen 15% nach dem Trennsystem ausgeführt sind. Eine Kläreinrichtung durchlaufen nur die Abwässer von 40% der Einwohner, wobei die künstlich- bzw. natürlich-biologischen Anlagen bereits einbezogen sind. Hinzu kommt die meist recht primitive Bauweise und die Überalterung vieler mechanischer wie auch biologischer Anlagen, die das Gesamtbild noch wesentlich verschlechtern, so daß die Feststellungen von KUMPF [105] und MAAS [106], nach denen 1400 bzw. 1000 leistungsfähige Reinigungsanlagen mit einem Kostenaufwand von 3 Milliarden DM fehlen, durchaus zutreffend sein dürften.

Bezüglich des Beteiligungsverhältnisses zwischen den natürlich- und künstlich-biologischen Verfahren an der Abwasserreinigung ist trotz starker Propagierung von seiten der Klärtechnik in den letzten Jahren und der von jeher auf den mitteldeutschen Raum sowie die ehemaligen Ostgebiete konzentrierten Verwertungsflächen ein bedeutender Verwertungsanteil festzustellen. Bei einem durchschnittlichen Jahresabwasseranfall in den Gemeinden über 5000 Einwohnern von etwa 2000 Millionen cbm beträgt die jährliche Verwertungsmenge einschließlich der Berliner Westsektoren ca. 224 Millionen cbm. Dies entspricht einem Abwasseranteil von 12%. Bezogen auf die Einwohnerzahl belaufen sich die Werte auf 25 Millionen bzw. 3 Millionen. Demgegenüber entfallen auf die künstlich-biologische Reinigung nach allerdings grober Schätzung, der Einzelangaben aus verschiedenen Ländern der Bundesrepublik, insbesondere dem dichtbesiedelten Gebiet Nordrhein-Westfalens zugrunde gelegt sind, im Höchstfalle 10%. Hieraus ergibt sich maximal ein Gesamtwert von 22% Reinigungsanteil für beide Verfahren und es ist festzustellen, daß die von HEILMANN [57] 1939 ermittelten Zahlenangaben nicht erreicht werden.

Zur Zeit vollzieht sich die Bautätigkeit in der Weise, daß in den dichtbesiedelten Industriegebieten infolge der schwierigen Geländebeschaffung die künstlichen Reinigungsverfahren eine stärkere Betonung finden und in den weiträumigen Gegenden die landwirtschaftliche Verwertung im Vordergrunde steht. Während also z. B. in Nordrhein-Westfalen die Tendenz zur stärkeren Ausdehnung der biologischen Klärverfahren zu erkennen ist, hat der Verwertungsgedanke in letzter Zeit in Niedersachsen, vor allen Dingen aber in Bayern, eine starke Förderung erfahren. Wie wohl kaum in einem anderen Gebiet ist hier die Landbehandlung nach Errichtung von 26 Anlagen entscheidend an der Lösung des Abwasserproblems beteiligt. Die ihr dort beigemessene Bedeutung wird besonders dadurch unterstrichen, daß zur Realisierung des 1952 aufgestellten Abwasserdringlichkeitsprogrammes verlorene Zuschüsse für den Ausbau von Kanalisationen in Höhe von 15–25%, für mechanische und künstlich-biologische Kläranlagen von 20–35%, für die Abwasserlandbehandlung jedoch von 35–50% ausgeworfen werden.

Für das Gebiet der Deutschen Demokratischen Republik ist die Situation in der kommunalen Abwasserwirtschaft nach dem Stande vom Jahre 1952 wie folgt gekennzeichnet:

TABELLE 10

Stand der kommunalen Abwasserwirtschaft in der DDR

Gesamtzahl der Gemeinden über 5000 Einw.	Einwohnerzahl Mill.	An Kläranlagen angeschlossene			Klärverhältnisse bezogen auf Sp. 3	
		Gemeinden	Einwohner absol./Mill.	Einwohner % von Sp. 2	mechan.	biolog.
1	2	3	4	5	6	7
458	10,4	241	6,3	60,5	70	30

Hiernach passieren 60% der in den Gemeinden über 5000 Einwohner anfallenden Abwässer eine Kläranlage, gegenüber 40% in der BRD, also eine günstigere Ausgangsbasis. Allerdings ist auch hier der schlechte bauliche Zustand der Anlagen zu bemängeln, der sich nach den Erhebungen von SCHARKOWITZ [144] besonders auf die künstlich-biologischen Reinigungsvorhaben erstreckt. 35% aller Kläranlagen werden als baufällig bezeichnet. Außerdem wird nur ein Teil des Klärwassers effektiv gereinigt, da die Hauptmenge lediglich eine grobe mechanische Vorklärung mit Rechen und z. T. Absetzbecken erfährt.

Bezüglich des Beteiligungsverhältnisses zwischen künstlich-biologischer Reinigung und Landbehandlung ist eine noch deutlichere Überlegenheit des Verwertungsvehrfahrens zu erkennen. Während nach einer neuen Schätzung des VE Wasserwirtschaftsbetriebes Weiße Elster nur 5% aller Kläranlagen künstlich-biologisch reinigen, werden den Landbehandlungsanlagen einschließlich des demokratischen Sektors von Groß-Berlin immerhin die Abwässer von 3,5 Millionen Einwohnern mit einer Gesamtmenge von fast 250 Millionen cbm/Jahr zugeführt. Dies entspricht etwa einem Drittel des in den Gemeinden über 5000 Einwohner anfallenden häuslichen Abwassers. Den Hauptanteil stellt auch hier wiederum die Stadt Berlin, die durch ihren hohen Bevölkerungsanteil das Gesamtbild stark begünstigt. Im übrigen ist noch zu berücksichtigen, daß nicht bei allen Anlagen eine volle Abnahme des Abwasseranfalles garantiert ist, was bei dieser ohnehin groben Berechnung außer acht gelassen wurde. Daß es sich hierbei jedoch um nicht unerhebliche Mengen handelt, geht aus den Angaben auf S. 103 für die weiträumigen Landbehandlungsanlagen hervor, bei denen 36% des Jahresabwasseranfalles vor allem während der Wintermonate weitgehend ungereinigt abfließen. Veranschlagt man den auf diese Weise ungenügend gereinigten Abfluß mit 15% der oben angenommenen Verwertungsmenge,, so ergibt sich für die Landbehandlung ein Reinigungsanteil von 25%, dem im Höchstfalle 4–5% künstlich-biologisch gereinigtes Abwasser gegenübersteht. Beide Verfahren übernehmen somit 30% des auf die Gemeinden über 5000 Einwohner bezogenen Abwasseranfalles, also ein höherer Wert als in der Bundesrepublik. Die im Vergleich zu Westdeutschland noch geringere Kapazität der künstlich-biologischen Reinigung ist auf die bis 1945 stärker ausgeprägte Agrarstruktur, die z. T. übertriebene Einschränkung der Bautätigkeit seit 1933 zugunsten der landwirtschaftlichen Verwertung sowie das geringe Bauvolumen in den letzten zehn

Jahren zurückzuführen. Unterschiede in der regionalen Verteilung der beiden Verfahren, wie sie für Westdeutschland angegeben wurden, sind nicht zu erkennen. In einigen Städten (Berlin, Leipzig, Erfurt) kommen vielmehr beide Verfahren nebeneinander mit getrenntem Aufgabenbereich vor.

Zusammenfassend kann hieraus für beide Teile Deutschlands entnommen werden, daß zur Zeit etwa 25% des gemeindlichen Abwasseranfalles biologisch gereinigt werden. Zirka 16% entfallen hiervon auf die Landbehandlung und 8–9% auf die künstlichen Verfahren. Die Größe der noch bevorstehenden Aufgabe geht hieraus nachdrücklich hervor. Ihre Lösung ist ein volkswirtschaftlich dringendes Erfordernis, was allein durch die Ermittlungen von BANDT [77], nach denen auf 7900 km Flußstrecke in der DDR infolge starker Verschmutzung das Fischleben stark beeinflußt ist, unterstrichen wird. Wenngleich die Industrie hierfür weitgehend mit verantwortlich zeichnet, müssen auch von seiten der kommunalen Abwasserwirtschaft konsequente Maßnahmen hiergegen eingeleitet werden.

Neben dem Ausbau weiterer Kanalisationen und mechanischer Kläranlagen sind daher die Anstrengungen um eine gründliche Reinigung unbedingt zu erhöhen. Hierzu ist es erforderlich, auch die künstlich-biologischen Reinigungsverfahren infolge ihrer weitgehenden technischen Verbesserung, über die MÖHLE [113] zusammenfassend berichtet, vor allem in den Industrie- und Siedlungszentren stärker heranzuziehen. Die Tatsache, daß knapp ein Viertel des Gesamtanfalles an gemeindlichem Abwasser einer gründlichen Reinigung unterzogen wird, macht es notwendig, beide Verfahren weiter zu intensivieren und den teilweise noch vorhandenen Kompetenzstreit zwischen den Verfechtern des jeweiligen Verfahrens zu beenden. Dieser ist in Anbetracht der spezifischen Vorzüge beider Verfahren auch dann unangebracht, wenn in Anpassung an die gegebenen Verhältnisse besonders in wesentlichen Teilen der BRD der Anteil der künstlich-biologischen Klärung in stärkerem Umfange zunimmt. Weder in der „Landbehandlung um jeden Preis“ noch in der Überbewertung der klärtechnischen Verfahren darf die perspektivische Entwicklung gesehen werden. Zielsetzung muß es vielmehr sein, jeweils das der Volkswirtschaft dienlichste Verfahren konsequent einzusetzen.

3. ERFAHRUNGEN ÜBER DIE VERWERTUNGSBEDINGUNGEN UND -VERHÄLTNISSE IN DEN WEITRÄUMIGEN ABWASSERLANDBEHANDLUNGSANLAGEN DER DDR

Im zweiten Teil der Arbeit sollen die 1956—57 in der DDR in Betrieb befindlichen 28 weiträumigen Verwertungsanlagen auf ihre Eignung und Leistungsfähigkeit hin näher untersucht werden. Es erfolgt dies an Hand von Feststellungen über die natürlichen und technischen Voraussetzungen für den Verwertungsbetrieb, acker- und pflanzenbaulichen und betriebswirtschaftlichen Angaben zur Kennzeichnung der Abwasserausnutzung sowie Erhebungen über Fragen der Bewässerungsorganisation unter Berücksichtigung des Hygieneproblems und der ganzjährigen Abwasserabnahme. Besondere Aufmerksamkeit wird der Standortsfrage gewidmet, da sie nicht nur von bedeutendem Einfluß auf die Gestaltung des gesamten Verwertungsbetriebes ist, sondern auch die Grenzen der Abwasserlandbehandlung ausschlaggebend bestimmt.

Zielsetzung ist es, hieraus jeweils schlußfolgernd den Projektanten und der Abwasserpraxis Hinweise für erforderliche Verbesserungen in den bestehenden Gebieten sowie für die zweckmäßige Gestaltung neuer Vorhaben zu geben.

3,1 Die Eignung der natürlichen und landwirtschaftlichen Ausgangsbedingungen

3,11 Die Standortfrage

Ihre Bedeutung wurde bereits bei den ersten klassischen Berieselungsversuchen in England und besonders auch bei der Einführung der Rieselfelder in Deutschland erkannt. Sie ergab sich aus der Verwendung des Bodens als einseitiges Reinigungssubstrat, wobei die Höhe der Wasseraufnahmefähigkeit auf möglichst kleiner Fläche ausschlaggebend war und den leichten Sandboden zum geeigneten Filtermaterial stempelte. Mit Zunahme der landwirtschaftlichen Abwasserausnutzung und der stärkeren Weiträumigkeit der Anlagen ergaben sich jedoch andere Verhältnisse. Die Ergänzung des Bodenwassers und der -nährstoffe trat mehr in den Vordergrund und neben den Bodenverhältnissen erschien es notwendig, auch klimatische Faktoren sowie landwirtschaftlich-betriebswirtschaftliche Gesichtspunkte bei der Beurteilung der Bewässerungsbedürftigkeit und -würdigkeit stärker zu berücksichtigen. Die ursprüngliche Begrenzung der Abwasserzufuhr auf leicht durchlässige Böden wurde zumindest teilweise aufgehoben. Inwieweit dies zweckmäßig erfolgt ist, soll nachfolgend mit untersucht werden.

Zunächst einige zusammenfassende Angaben über die natürlichen Verhältnisse. Auf Grund der veränderten Aufgabenstellung weisen die weiträumigen Verwertungsgebiete im Gegensatz zu den Rieselfeldern fast die gesamte Bodenartenskala auf. Bei der üblichen Bodendifferenzierung innerhalb der einzelnen Gebiete überwiegt, wie u. a. aus der Tab. IX. hervorgeht, in elf Anlagen der leichte Boden. Die Flächen der weiteren zehn Verwertungsobjekte setzen sich aus mittleren Bodenarten zusammen, während in den sieben restlichen Gebieten schwerere Bodenverhältnisse vorherrschen. Die gebräuchlichste Bodenart ist der lehmige Sand. Es folgen der Sand und der sandige Lehm. Interessant, aber zugleich problematisch ist das Vorkommen von Löß, lehmigem Ton und stark zersetztem Niederungsmoor als Hauptbodenarten in einzelnen Verwertungsgebieten.

Die Geländegestaltung ist bis auf einige Ausnahmen im Mitteldeutschen Raum leicht, teilweise jedoch auch recht erheblich kupiert. Für eine weiträumige Berieselung in Frage kommende größere Flächenzüge sind relativ selten. Sie erstrecken sich weitgehend auf die hierfür bereits eingerichteten Gebiete und Gebietsteile (im wesentlichen Leipzig-Delitzsch und Delitzsch-Schenkenberg), was die Bedeutung der Beregnung zumindest bei größeren Vorhaben unterstreicht. Andererseits gibt es jedoch genügend kleinere Flächen, die fast in jedem Verwertungsraum die Durchführung eines kombinierten Bewässerungsbetriebes ermöglichen würden.

Die in klimatischer Hinsicht für eine Betrachtung im DDR-Maßstab am meisten interessierenden Niederschlagswerte schwanken zwischen den einzelnen Anlagen in Abhängigkeit von der Höhenlage und dem Grad des kontinentalen bzw. maritimen Einflusses im langjährigen Durchschnitt zwischen 498 und 860 mm/Jahr. Der in letzter Zeit mehrfach zur Beurteilung der Bewässerungsbedürftigkeit herangezogene N.S.-Quotient für die Vegetationszeit weist dementsprechend ebenfalls nicht unerhebliche Unterschiede auf. Er liegt in zwölf Gebieten zwischen 15 und 20. Je sieben Anlagen weisen Werte von 20–25 bzw. 25–30 und zwei weitere sogar über 30 auf.

Während die Ackerflächen fast ausnahmslos mittlere bis niedrige Grundwasserstände aufweisen, trifft dies für einen erheblichen Teil der in die Verwertungsgebiete einbezogenen natürlichen Grünlandflächen nicht zu. In den Gebieten Nordhausen, Neustrelitz, Arnstadt, Golm sowie Frankfurt/O. wird hierdurch ihre Funktionsfähigkeit als Ausgleichsflächen stark beeinträchtigt, wenn nicht sogar gänzlich aufgehoben.

Welche Rückschlüsse lassen sich nun über den Einfluß der Standortsverhältnisse auf die Lösung der Verwertungs- und Reinigungsaufgabe aus den bisherigen Betriebserfahrungen ziehen? Diese Frage drängt sich in Anbetracht der Forderung, Verwertungsanlagen zukünftig nur dann zu befürworten, wenn geeignete natürliche und landwirtschaftliche Voraussetzungen vorliegen sowie der besonders in den letzten Jahren von BAUMANN [8] gegebenen Empfehlung für eine stärker standörtlich ausgerichtete Behandlung aller Maßnahmen auf dem Gebiet der Abwasserverwertung als vordringlich auf. Ihre Beantwortung gilt als eine wesentliche Aufgabe dieser Arbeit. Sie setzt eine Reihe von Angaben voraus, die im einzelnen erst in den folgenden Abschnitten behandelt werden. Entsprechend der Ansicht von BROUWER [27], nach der die klimatischen Faktoren nur in Extremlagen innerhalb Deutschlands für die Beurteilung der Bewässerungsbedürftigkeit und -würdigkeit eine ausschlaggebende Rolle spielen, soll besonders die Bodenfrage in den Vordergrund gestellt werden.

Die Mehrertragsbildung durch die Abwasser-Bewässerung: Bereits die ersten vergleichenden Untersuchungen von ANGERER [1] in Ostpreußen, von BROUWER [28] und später SCHMAUDER [147] in Thüringen sowie besonders die Versuchsergebnisse von HAHNE [54] in verschiedenen Teilen des Leipzig-Delitzscher Verwertungsgebietes lassen die weitaus größeren Erfolgsmöglichkeiten unter sonst ähnlichen Bedingungen bei leichten und mittelleichten Böden erkennen. Das Ausmaß der sich bei einer normalen Abwasserzufuhr ergebenden Mehrertragsunterschiede zwischen verschiedenen Bodenarten geht besonders eindrucksvoll aus der Abb. 3, die eine Zusammenfassung der vergleichbaren Untersuchungsergebnisse von HAHNE beinhaltet, hervor.

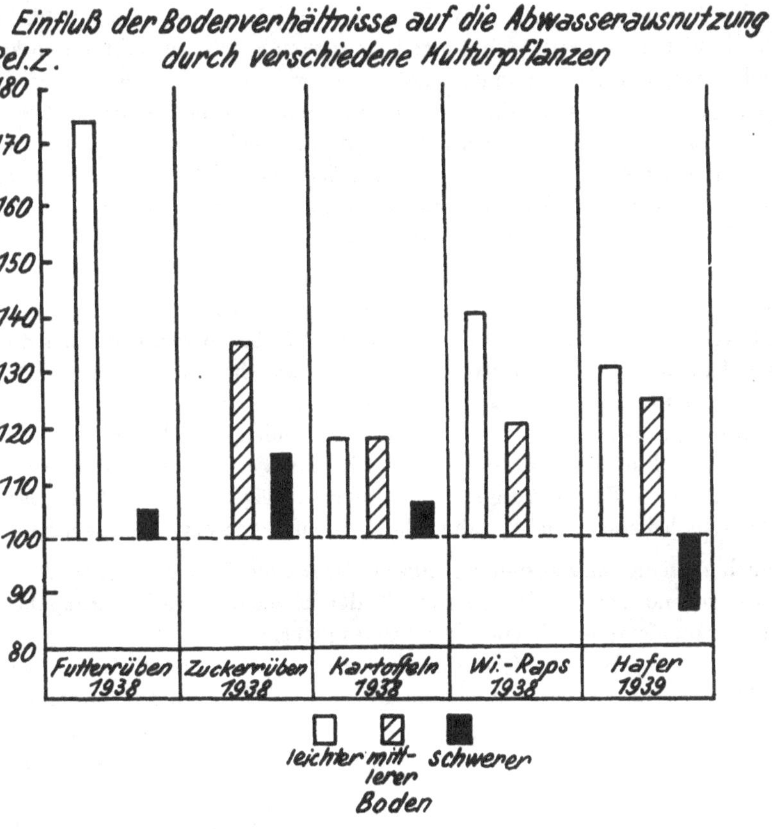

Abb. 3.

Auf Grund der günstigeren natürlichen Wasserhaushaltsverhältnisse nimmt die Mehrertragsbildung von lehmigem Sandboden mit Zunahme der Bodengüte besonders im Bereich der mittelschweren Böden ab. Der ausgesprochen leichte Sandboden ist zwar besonders im Hinblick auf die ganzjährige Abwasserunterbringung ein sehr günstiger Verwertungsstandort. Pflanzenbaulich gesehen ist er jedoch wegen der geringeren absoluten Ertragsleistung auch bei zusätzlicher Abwasserversorgung dem leichten Mittelboden unterlegen. Grundsätzlich ist also festzustellen, daß die allgemeine Erfahrung, nach der die Wirtschaftlichkeit von landwirtschaftlichen Meliorationen mit der Güte des Bodens ansteigt, für die Bewässerung und noch in vermehrtem Maße für die Abwasserbewässerung nicht zutrifft.

Es ist hierbei, wie noch aus der späteren Tab. 20 über Mehrerträge in bodenmäßig verschiedenen Verwertungsgebieten hervorgeht, zu berücksichtigen, daß die Zahl der eine Bewässerung lohnenden Kulturpflanzen, deren Reihenfolge nach dem Abwasserausnutzungsgrad vom Verfasser schon mehrfach an anderer Stelle [164], [165] dargelegt worden ist, auch mit Zunahme der Bodengüte abnimmt. Sie beschränkt sich auf schwerem Boden mit einigermaßen gesichertem Erfolg nur noch auf das Grünland, den Zwischenfruchtanbau und einige wenige Hauptfruchtfutterpflanzen, während auf leichten bis mittleren Böden weit größere Auswahlmöglichkeiten bestehen. Sie bieten ihrerseits den Vorteil eines vom technischen Standpunkt anzustrebenden höheren Beteiligungsverhältnisses, welches sich günstig auf den gesamten Betriebsablauf auswirkt. Andererseits muß eine befriedigende Lösung der Verwertungsaufgabe auf schweren Böden grundsätzlich in Frage gestellt werden, wenn nach neueren Untersuchungen von SCHMAUDER [148] in Thüringen in niederschlagsmäßig normal zu bezeichnenden Jahren bei typischen Bewässerungspflanzen häufig ein wirtschaftlicher Ertragszuwachs ausblieb und z. T. Ertragsdepressionen in Kauf genommen wurden.

Ferner sprechen noch die unterschiedlichen Erfolgsmöglichkeiten der Bewässerung im Hinblick auf die Sicherung der Ernten (s. S. 91) denen allerdings durch die jeweilige Konstellation der Witterungsfaktoren ohnehin gewisse Grenzen gesetzt sind, für eine natürliche Vorrangstellung des leichten Mittelbodens. Auch hier nimmt die Bedeutung grundsätzlich mit Zunahme der Bodengüte ab, wobei die Möglichkeiten im Bereich des reinen Sandbodens, wie vom Verfasser anhand einer Auswertung verschiedener Bewässerungsdauerversuche gezeigt wurde, [164] wiederum geringer sind als bei einem nicht so durchlässigen lehmigen bzw. humosen Sand.

Schließlich ist in diesem Zusammenhange zu berücksichtigen, daß der Bewässerungserfolg weitgehend von der Nachhaltigkeit der Erzeugungsverbesserung bestimmt wird und trotz fortgeschrittener Bewässerungstechnik die Reaktion des Bodens auf die künstliche Wasserzufuhr eine bedeutende Rolle spielt. Hierzu wird von BAUMANN [9] unter dem Gesichtspunkt der Erhaltung der Bodenfruchtbarkeit darauf hingewiesen, daß jede Bewässerung sowohl Nutzen als auch Schaden mit sich bringt. Je geringer die ungünstigen Auswirkungen auf den Boden sind, die sich besonders auf Strukturbeeinträchtigungen, Entbasungsvorgänge und bei unsachgemäßer Bewässerung auf Destruktionserscheinungen des Sorptionskom-

plexes nach neueren Untersuchungen von OLBERTZ [125] erstrecken können, desto besser ist die nachhaltige Wirkung der Bewässerung. Daß in dieser Hinsicht bei sonst gleichen Bedingungen ausnahmslos die Böden mit einem geringeren Feinerdeanteil das günstigste Verhältnis zwischen Nutzen und Schaden aufweisen, lassen zahlreiche Erfahrungen erkennen. Ihre geringere Empfindlichkeit gegenüber einem fortlaufenden Bewässerungseinsatz und der peptisierenden Wirkung der stets in Abwasser reichlich enthaltenen Na- und Cl-Ionen sowie die Möglichkeit, die auftretenden Schädigungen mit Hilfe von Bodenbewirtschaftungs- und Pflegemaßnahmen leicht auszugleichen und darüber hinaus eine Verbesserung des Fruchtbarkeitzustandes des Bodens zu erreichen, seien hierzu erwähnt. Die Vorsicht gegenüber Bodenstrukturzerstörungen kommt auf schweren Böden deutlich in dem hier sporadischen Bewässerungseinsatz während der Vegetationszeit und der gänzlichen Ablehnung einer düngenden Bewässerung im Herbst und Winter zum Ausdruck, die sich nicht mit den Anforderungen der ganzjährigen Wasserabnahme in Einklang bringen lassen.
Betrachtet man unter diesem Blickpunkt die durch die Abwasserzufuhr erreichten landwirtschaftlichen Erfolge in den Verwertungsgebieten der DDR, so ist auffallend, daß die in ihrer Erzeugungsleistung zufriedenstellenden Anlagen fast ausnahmslos leichte bis höchstens Mittelböden aufweisen. Auf Grund örtlicher Besichtigungen sowie einer Auswertung der verschiedensten Betriebsanalysen von PAASCH [127], KALWEIT [74] und NEWRZELLA [119] dürften hierfür folgende Anlagen in Frage kommen:

1. Kategorie mit sehr gutem Verwertungserfolg:
   Delitzsch-Schenkenberg, Görlitz, Nordhausen, Rudolstadt,
2. Kategorie mit gutem Verwertungserfolg:
   Leipzig-Delitzsch, Neustrelitz, Radeberg, Pritzwalk, Erfurt, Stalinstadt, Jüterbog.

Trotz verschiedener Bewässerungsverfahren, stark voneinander abweichender Beteiligungsverhältnisse, recht unterschiedlichen Acker- und Grünlandanteilen und verschiedenartiger Betriebsstruktur wird hier der relativ größte Nutzeffekt erzielt. Unter Zugrundelegung einer Einteilung in drei Bodenklassen (s. Tab. IX) befriedigen somit in landwirtschaftlicher Hinsicht von den Anlagen auf leichten Böden 50%, auf mittleren Böden 70%. Auf schwereren Böden läßt leoiglich Halberstadt bei weiterer Entwicklung einiges erwarten. Auf dem ausgesprochen leichten Boden ist das bisherige Zurückbleiben auf die ungenügende Dürresicherung sowie die bedeutenden Aufwendungen für die erforderliche Betriebsintensivierung zurückzuführen.

Die große Bedeutung einer zweckmäßigen Standortsauswahl für die Erzielung eines hohen landwirtschaftlichen Nutzeffektes bei der Errichtung neuer Anlagen dürfte hieraus eindeutig hervorgehen. Sie ist die wichtigste Voraussetzung für die Erzielung eines wirtschaftlichen Verwertungserfolges, da die Überwindung der sich bei ungünstigen natürlichen Bewässerungsvorbedingungen ergebenden Nachteile erhebliche Schwierigkeiten bereitet. Diese Auffassung wird im folgenden durch einige Gesichtspunkte über die Abhängigkeit der ganzjährigen Abwasserunterbringung von den Bodenverhältnissen noch erhärtet. Wie im Abschnitt 3, 5 noch näher behandelt wird, werden in den bestehenden weiträumigen Verwertungsanlagen zur Zeit nur ca. 64% des anfallenden Abwassers abgenommen. Dies ist vor allem durch eine mangelhafte Unterbringung während der vegetationslosen Zeit bedingt, wenngleich auch einige z. T. überlastete bzw. auf schwerem Boden gelegene Anlagen auch während der Vegetationszeit keine gesicherte Abnahme garantieren. Außer Leipzig-Delitzsch, wo die Bewässerungsorganisation in dieser Hinsicht vollkommen ungenügend ist, sowie den Anlagen von Görlitz und Erfurt, bei denen eine bedeutende Erweiterung der Verwertungsflächen erforderlich ist, sind es wiederum die gleichen Gebiete, die mit Abstand die günstigsten Resultate aufweisen. Wenn auch hierbei besonders noch das Acker-Grünlandverhältnis sowie die Größe der Anlage einschließlich der Bewässerungstechnik eine Rolle spielen und sich manche Verbesserung durch die Anlage leistungsfähiger Bodenfilter erreichen läßt, dürften die Bodenverhältnisse ebenfalls hierauf von entscheidendem Einfluß sein. Die relative Unempfindlichkeit der leichten Böden gegenüber Strukturschäden und ihre größere Wasseraufnahmefähigkeit ermöglichen einen weitgehenden Verwertungsbetrieb auch während eines größeren Teiles der Herbst- und Wintermonate sowie niederschlagsreicher Vegetationsabschnitte. Nur in den seltensten Fällen braucht mit Ertragsdepressionen gerechnet zu werden, vielmehr läßt sich in der Regel mit Hilfe der sogenannten düngenden Vorratsbewässerung ein recht beachtlicher Nutzeffekt erzielen.

Demgegenüber wird auf schweren Böden eine Abwasserzufuhr außerhalb der Zeiten tatsächlichen Zusatzwasserbedarfes von den Bauern abgelehnt, weil der Nutzeffekt in keinem Verhältnis zum Aufwand steht. Man wird das Abwasser einfach nicht los, und es müssen ernsthafte Bedenken gegen die Anwendung des Verwertungsverfahrens erhoben werden, wenn z. B. in Halberstadt noch im letzten Jahre 504000 m^3 Abwasser ohne Landbehandlung abgeflossen sind, zu deren Unterbringung nun erwogen wird, anstelle der hier sehr teuren Bodenfilterflächen kleinere Tropfkörper zusätzlich anzulegen. Auch der ständige Rückgang der jährlich bewässerten Fläche in dem Arnstädter Verwertungsgebiet infolge des ungünstigen Verhältnisses zwischen Aufwand und Ertrag kann hierzu ergänzend und bestätigend angeführt werden.

Wenn NEWRZELLA [120] schreibt, „Bewässerungsmaßnahmen können nur dann als tragbar angesehen werden, wenn die durch Mehrerträge erzielten Einnahmen unter Berücksichtigung des kommunalen Zuschusses nicht nur die laufenden Betriebskosten, sondern auch entsprechende Abschreibungen sowie Kosten für die Unterhaltung der Verwertungsanlage decken oder überschreiten und selbst in den Wintermonaten die Anwendung der Abwässer so erfolgen muß, daß zunächst die Unkosten der Bewässerung ausgeglichen werden“, so bildet hierfür eine zweckmäßige Standortsauswahl die wichtigste Voraussetzung. Die Abwasserlandbehandlung gehört auf leichte und mittlere Böden und nur in wirklichen Sonderfällen sollte hierüber hinausgegangen werden. Sind in der Nähe der Städte derartige Flächen nicht vorhanden, so ist sie fehl am Platze.

Eine besondere Herausstellung und Untermauerung der starken Bodenabhängigkeit erschien besonders deswegen notwendig, weil in den letzten Jahren außer Halberstadt, wo die Lage im Regenschattengebiet des Harzes allenfalls noch eine gewisse Sonderstellung zuläßt, weitere neue Gebiete mit schwerem Boden erschlossen bzw. projektiert worden sind.

Hinsichtlich des Einflusses der klimatischen Faktoren schließt sich der Verfasser in Anbetracht der erheblichen Variationsbreite des jährlichen Witterungsverlaufes gegenüber den klimatischen Mittelwerten der Auffassung von BAUMANN [10] und BROUWER [27], nach der in erster Linie unter den hiesigen Verhältnissen der Boden, die Wirtschaftsintensität der beteiligten landwirtschaftlichen Betriebe sowie ein sinnvoller Bewässerungseinsatz für die Ausnutzung des Abwassers maßgebend sind, an. Es soll daher auf die verschiedenen Ansichten und Vorschläge von WOHLTMANN [192], ZUNKER [200], WUSSOW [195], MARTINY [107], TROSSBACH [181] PHILIPP [134] und SCHILDKNECHT [145], die sich mit der Feststellung der Bewässerungsbedürftigkeit unter besonderer Berücksichtigung klimatischer Gesichtspunkte beschäftigten, nicht eingegangen werden. Es sei lediglich festgestellt, daß die Ermittlung bewässerungsbedürftiger Standorte ohne Einbeziehung der Bodenverhältnisse weder für die allgemeine Bewässerung und noch weniger für die landwirtschaftliche Abwasserverwertung brauchbar ist. Die Abwasserlandbehandlung ist an die Gemarkungen in der Nähe der Städte gebunden und muß darüber hinaus auch wegen der gleichzeitigen Reinigungsaufgabe im Rahmen von Bewässerungsperspektivplanungen für die von KALWEIT [75] ein erster Beitrag geliefert worden ist und inzwischen von KORTE [101] eine wesentlich verbesserte Methode ausgearbeitet wurde, eine Sonderstellung einnehmen.

In welch bedeutendem Maße die klimatischen Gegebenheiten neben den starken Abweichungen des jährlichen Witterungsverlaufes, die die regionalen Klimaunterschiede in unserem Gebiet sowieso erheblich übertreffen [10], [161] durch die Boden- und Bewirtschaftungsverhältnisse überdeckt werden, geht aus den nachfolgenden Angaben hervor. Vergleicht man beispielsweise die Anlagen Nordhausen und Neustrelitz auf ihre Niederschlagsversorgung hin, so stehen 500 mm im ersten Fall bei leichtem Mittelboden (s. L.) 654 mm Regen, also rund 30% mehr, auf leichtem Boden in der mecklenburgischen Anlage gegenüber. Trotz dieser erheblichen Differenz ist in Neustrelitz der zusätzliche Wasserbedarf und die für die Erntesicherung erforderliche Bewässerungsintensität wesentlich höher. Bei einem Vergleich der Anlagen Neustrelitz und Stalinstadt (beides Sandboden) mit fast gleichen Niederschlägen schneidet letztere aufgrund einer besseren Betriebsanpassung erheblich günstiger ab. Es dürfte hieraus hervorgehen, daß die klimatischen Gegebenheiten auf den für die weiträumige Abwasserlandbehandlung geeigneten Böden bei der Beurteilung der Frage, ob eine landwirtschaftliche Verwertung der Abwässer erfolgversprechend ist oder nicht, nicht von ausschlaggebender Bedeutung sind. Ihr Einfluß wächst, wie aus einer Gegenüberstellung der Anlagen Halberstadt und Nossen (schwerer Lößlehm) mit durchschnittlich 498 bzw. 653 mm Niederschlag hervorgeht, mit Zunahme der Bodengüte und kann lediglich auf dem möglichst generell auszuschließenden schweren Boden von Bedeutung sein. Immerhin lassen sich jedoch bei kombinierter Betrachtung von Boden und Klima Rückschlüsse auf die zweckmäßige Intensität der Bewässerung und den Umfang der Ausgleichsflächen ziehen, so daß der allerdings meist zu ausgedehnten Behandlung klimatischer Fragen in den Projektierungsunterlagen und Gutachten doch eine bestimmte Aussagekraft zukommt.

Daß darüber hinaus Gesichtspunkte, wie z. B. der Höhenunterschied und die Entfernung des Verwertungsgebietes von der Abwasseranfallstelle für den Erfolgsgrad der Verwertung eine sehr wichtige Rolle spielen und auch hier bestimmte Grenzen nicht überschritten werden dürfen, soll in diesem Zusammenhang ebenso wie die engen Wechselbeziehungen zwischen Boden- und Geländeverhältnissen und der Gestaltung der Bewässerungstechnik sowie der landwirtschaftlich-betriebswirtschaftlichen Ausrichtung der Verwertungsgebiete nur angedeutet werden.

3,12 Die landwirtschaftlichen Ausgangsverhältnisse

Hierzu gehört als ein wichtiger Faktor die Bewirtschaftungsintensität vor Aufnahme der Bewässerung. Sie hängt weit stärker als bei Bewässerungsvorhaben im Einzelbetrieb, wo die individuelle Einstellung des Landwirtes die ausschlaggebende Rolle spielte, von der Gunst der natürlichen Erzeugungsbedingungen ab und ist durch die Gestaltung des Kulturarten- und Anbauverhältnisses, den Umfang der Nutzviehhaltung und die jeweilige Inventarausrüstung sowie den Arbeitskräftebesatz gekennzeichnet.

Betrachtet man in dieser Hinsicht die bestehenden Verwertungsanlagen, so fällt ein Zusammenhang zwischen der Bewirtschaftungsintensität vor Aufnahme des Bewässerungsbetriebes und dem späteren Verwertungserfolg auf. Wenn sich dies auch nur noch in den seltensten Fällen exakt zahlenmäßig nachweisen läßt, so basierte zum Beispiel der hohe Intensitätsstand durch den ausgedehnten Gemüsebau in Delitzsch-Schenkenberg neben einer Reihe anderer Faktoren, zu denen die Betreuungstätigkeit durch STEIN und WEBER gehört, auf einem traditionsgemäßen Hackfruchtanbau, der einen Umfang von 37,5% ausmachte. Wenn auch nicht in dem gleichen Maße ausgeprägt, trifft ähnliches ebenfalls für die Gebiete Rudolstadt, Nordhausen und bedingt Görlitz – selbstverständlich im Rahmen der vorhandenen Erzeugungsmöglichkeiten – zu. Die Begründung hierfür ist darin zu suchen, daß die genannten Gebiete für den zweckmäßigen Einsatz des Betriebsmittels „Abwasser“ aufgeschlossener und für seine Ausnutzung vor allem auch wirtschaftlich aufnahmebereiter waren.

Es soll hieraus abgeleitet werden, daß für eine möglichst produktive Abwasserausnutzung nach relativ kurzer Anlaufzeit und mit geringem Kapital – bzw. Investitionsaufwand für Folgemaßnahmen ein gewisser Intensitätsgrad bereits vor Aufnahme des Verwertungsbetriebes zweckmäßig ist. Zeigen doch die Erfahrungen aus ursprünglich extensiveren Gebieten, welche Aufwendungen fürdie infolge der verbesserten Produktionsbedingungen mögliche und wünschenswerte Intensitätserhöhung erforderlich sind. GEITH [47] hat hierauf im Rahmen eines Vergleiches zwischen Betrieben mit verschiedenen natürlichen und wirtschaftlichen Ausgangsstellungen hingewiesen, aber auch der Verfasser konnte sich bei seiner mehrjährigen Beratungstätigkeit in dem vormals weitgehend extensiv bewirtschafteten Neustrelitzer Verwertungsgebiet von der Schwierigkeit, die dortigen Wirtschaften weiter zu entwickeln, überzeugen. Genau wie bei der Erörterung der Standortsfrage dürften auch hier die günstigsten betriebswirtschaftlichen Möglichkeiten bei einer mittleren Betriebsintensität liegen.

Dieser Standpunkt entspricht, abgeleitet auf die Erfordernisse der Abwasserverwertung, in etwa der Forderung von BAUMANN [10], die Bewässerung (mit Reinwasser, insbesondere die Beregnung) bevorzugt dort einzusetzen, wo auch die übrigen produktionssteigernden Maßnahmen weitgehend zur Anwendung kommen. Zu hohe Anforderungen in dieser Richtung sind aus der Sonderstellung der sich meist auf ein größeres Gebiet erstreckenden Abwasserbewässerung und ihre speziellen Belange nicht möglich. Es wäre jedoch falsch, hieraus zu folgern, das extensive Gebiete für die Einrichtung einer weiträumigen Abwasserlandbehandlung deswegen nicht in Frage kämen. Unerläßlich ist es jedoch, hierauf bei der Beurteilung der einzelnen Anlagen Rücksicht zu nehmen und zu erkennen, daß diese Gebiete entsprechend stärkerer Unterstützung für die Durchführung von Folgemaßnahmen und einer besonders intensiven Anleitung bedürfen. In Verbindung mit dem unter leichten Bodenverhältnissen hohen Bewässerungsanteil für den einzelnen Betrieb liegt hierin zweifellos eine der Hauptbegründungen für das Zurückbleiben einer Reihe von Gebieten hinter den landwirtschaftlichen Erwartungen. Der Zusammenschluß der Betriebe zu landwirtschaftlichen Produktionsgenossenschaften bietet auch in dieser Hinsicht bedeutende Vorteile. Erst durch die sich hieraus ergebenden großzügigen Möglichkeiten, insbesondere der großräumigen Flurgliederung und Feldbauorganisation sowie der Spezialisierung, konnten wirkliche Fortschritte erzielt werden.

Von den in der Tab. IX enthaltenen Einzelangaben über die landwirtschaftlichen Verhältnisse in den einzelnen Anlagen beansprucht der Grünlandanteil für eine günstige Abwassernutzung und vor allem reibungslose Unterbringung das meiste Interesse. Er liegt durchschnittlich bei 38% (bezogen auf die Bewässerungsfläche), schwankt jedoch zwischen den einzelnen Gebieten außerordentlich stark, so daß auch in dieser Hinsicht die Verwertungsbedingungen recht verschieden sind. So stehen z. B. als Extreme die Anlagen von Stollberg und Pritzwalk mit fast ausschließlicher Grünlandbewässerung den Verwertungsgebieten von Ludwigsfelde, Neustrelitz, Arnstadt und Erfurt mit recht einseitiger Ackerbewässerung gegenüber. Bemerkenswert ist, daß die besten Verwertungsgebiete mit Ausnahme von Görlitz infolge der günstigen Abwasserausnutzung besonders von Weiden über einen ausgesprochen starken Grünlandanteil verfügen. Darüber hinaus gibt es aber auch Gebiete, die bei einem hohen Ackerlandanteil noch landwirtschaftlich befriedigen (Erfurt, Neustrelitz = leichterer Boden), während andere grünlandreiche Gebiete in ihren Leistungen nicht genügen. Die Begründung für Letzteres liegt in einer noch mangelhaften Betriebstechnik und -organisation.

Eine noch deutlichere Abhängigkeit besteht zwischen der Abwasserabnahme und dem Umfang an Grünlandflächen, was besonders durch die völlig unzureichende Abwasserunterbringung in den vorwiegend Ackerbewässerungsanlagen von Arnstadt, Nossen und Halberstadt auf schwerem Boden zum Ausdruck kommt. Eine Berücksichtigung dieser Wechselbeziehungen, bei denen die vorherrschende Bodenart wiederum eine ausschlaggebende Rolle spielt, ist leider bisher nur zum Teil erfolgt. Vorgesehene Kulturartenumstellungen blieben lange Zeit aus und werden nunmehr durchgeführt.

Mit Zunahme der Forderungen auf eine ganzjährige Abwasserabnahme steigt auch die Bedeutung ausreichender Grünlandflächen. In Abhängigkeit von den Standortverhältnissen sollten hierfür 30% der Bewässerungsfläche als Mindestgrenze angesehen werden. Um dies zu erreichen, sind in einer Reihe von Gebieten noch stärkere Grünlanderweiterungen notwendig, die auch vom landwirtschaftlich-betriebswirtschaftlichen Standpunkt durchaus begründet sind.

Das besonders für die landwirtschaftlichen Ausnutzungsmöglichkeiten ausschlaggebende Beteiligungs- und Erschließungsverhältnis, worunter PAASCH [128] den jährlich bewässerten bzw. bewässerungsfähigen Nutzflächenanteil versteht, schwankt je nach den Bodenverhältnissen, der Flurgliederung und bisherigen Besitzverteilung in erheblichem Maße.

Für das Beteiligungsverhältnis liegen die Werte zwischen 10 und 80% LN Im groben Durchschnitt beträgt es bei den Anlagen mit leichten Böden 60% und verringert sich bei vorherrschend mittleren und schweren Böden auf 40–30%. Abgesehen von einzelnen Anlagen, unter denen Halberstadt mit einem Bewässerungsanteil von 60% auf schwerem Boden besonders hoch ist, wurde also von der Projektierung im wesentlichen der Gesichtspunkt, die Weiträumigkeit mit Zunahme der Bodengüte zu steigern, berücksichtigt. Das gleiche trifft tendenzmäßig auch für das Verhältnis zwischen der erschlossenen und jährlich bewässerten Fläche bei Mittelwerten für leichten Boden von 1,2:1 sowie 1,5 bzw. 1,7:1 für die mittleren und schwereren Böden zu. Es entspricht bedingt den betriebswirtschaftlich begründeten Vorschlägen von PAASCH [133], die auszugsweise in der folgenden Tabelle zusammengefaßt sind.

TABELLE 11

Ackerwertzahl	Niederschlagsmenge mm	Beteiligungsverhältnis % LN	Erschließungsverhältnis % LN	Wechselflächenanteil % LN
über 50	über 600	16	31	48
über 50	unter 500	33	45	27
unter 30	über 600	50	60	17
unter 30	unter 500	100	100	0

Ohne auf die Problematik dieser Frage, die sich allein schon aus der Zunahme des Wechselflächenanteiles bei Schaffung landwirtschaftlich günstigerer Bedingungen auf mittlerem und schwerem Boden ergibt, im einzelnen einzugehen, bedarf es hierzu in zwei Punkten einer kritischen Stellungnahme. Sie betrifft die beiden Extremwerte. Ein Beteiligungsverhältnis von 16% ist bei der Bewässerung im Einzelbetrieb technisch möglich, jedoch bisher nicht bei einer größeren Abwasserverwertungsanlage auf Grund des untragbaren Bau- und Betriebskostenaufwandes. Das Beispiel Leipzig, welches in diesem Sinne mit 10% als Vorbild angesehen wird, trifft nicht zu, weil von den 20000 ha kaum $^1/_4$ tatsächlich bewässerungsfähig ist. Die technische Forderung nach einem zusammenhängenden Verwertungsgebiet darf hierbei nicht unberücksichtigt bleiben, was besonders deutlich aus den Erfahrungen mit der Anlage Nossen hervorgeht. Die Projektierungsunterlagen weisen hier bei schwerem Löß-Lehm und einem Acker:Grünlandverhältnis von 6:1 eine Beteiligungsfläche von 12% sowie eine erschlossene Fläche von 24% der LN auf, entsprechen also weitgehend den Vorschlägen von PAASCH. In der Praxis haben sich der Kostenaufwand durch die übertriebene Weiträumigkeit und die Betriebskosten durch die Verzettelung der Verwertungsflächen derart erhöht, daß die Anlage kaum wirtschaftlich gestaltet werden kann. Gewisse Vorteile werden also viel zu teuer erkauft. NEWRZELLA [119] äußert sich daher in einer gutachtlichen Stellungnahme hierzu wie folgt:

> „Die landwirtschaftliche Produktion ist in den beteiligten Gemeinden bereits sehr hoch. Aus kostenmäßigen Erwägungen steht die erschlossene Fläche zu dem geringen Abwasseranfall in krassem Mißverhältnis".

Hieraus ergibt sich in derartigen Fällen entweder ein Verzicht auf die landwirtschaftliche Verwertung (siehe auch S. 52). oder es muß eine Kompromißlösung zwischen den diesbezüglich zweifellos stark auseinandergehenden landwirtschaftlichen und technischen Gesichtspunkten eingegangen werden, wobei im Sinne einer Spezialisierung in Richtung Futterbau – tierische Produktion, der Anlage genossenschaftlicher Weideflächen in möglichst geschlossener Lage sowie der Einbeziehung einer stark auszudehnenden Zweit- und Zwischenfruchtfläche (bis zu 50 des Ackerlandes) nach den Vorschlägen von NEWRZELLA [124] als Ausgleich eine besondere Bedeutung zukommt. Ein derartiges Vorgehen wirkt sich ferner auf die Abwasserabnahme günstig aus, da die Erfahrungen zeigen, daß bei übertriebener Weiträumigkeit und Zerstückelung des Verwertungsgebietes ein reibungsloser Betrieb sehr erschwert wird. Ein Wert von 30% jährlicher Beteiligungsfläche sollte daher nicht unterschritten werden.

In umgekehrter Hinsicht muß selbst auf leichtem Sandboden eine volle Beteiligung als unzweckmäßig angesehen werden; eine möglichst hohe Erschließung, sofern sie wirtschaftlich auch nur annähernd tragbar ist, dagegen erscheint wünschenswert. Ganz abgesehen davon, daß nicht einzusehen ist, warum 100 mm mehr Niederschlag in der obigen Tabelle eine Erhöhung des Beteiligungsverhältnisses von 50 auf 100% LN bewirken sollen. 60–80% jährliche Bewässerungsfläche sind auch hier als oberste Grenze anzusehen, um noch eine möglichst günstige Abwasserausnutzung zu erreichen. Erfolgt dies nicht, sind die Aussichten auf eine Intensivierung im Sinne der Angaben auf S. 94 u. f. von vornherein eingeschränkt.

Zur Größe der landwirtschaftlichen Betriebe ist anzugeben, daß es sich nach dem Wegfall der meisten Großbetriebe im Zuge der Bodenreform bis zur Gründung von landwirtschaftlichen Produktionsgenossenschaften fast ausschließlich um bäuerliche Kleinwirtschaften handelte. Volkseigene Güter sind mit einem größeren Flächenanteil an der Verwertung lediglich in den Gebieten Leipzig-Delitzsch, Halberstadt, Nordhausen und Forst beteiligt. Infolge der konstanten Abwasserabnahme auf den größeren Schlägen sowie der meist recht guten Betriebsführung war ihr günstiger Einfluß auf den Verwertungserfolg des Gesamtgebietes spürbar.

Wie noch im einzelnen behandelt wird (s. S. 81), kann besonders bei Beregnung auf größere zusammenhängende Flächen nicht verzichtet werden, da Gebiete mit stark aufgegliederten Fluren in der Ausnutzung der technischen Einrichtungen stark beschränkt sind. Vorteilhaft zeichneten sich daher in dieser Hinsicht die Gebiete mit einem ins Gewicht fallenden Anteil an Gemeinschaftsweiden, wie z. B. Rudolstadt mit 53 ha ab. Der Zusammenschluß einer größeren Anzahl von Wirtschaften zu Produktionsgenossenschaften bietet auch unter diesem Gesichtspunkt einen entscheidenden Fortschritt, der sich bereits bis zum Jahre 1957 auf den Bewässerungsflächen der Anlagen Leipzig-Delitzsch, Leipzig-Nord, Görlitz, Pritzwalk, Rudolstadt, Ludwigsfelde, Neustrelitz und vor allem Delitzsch-Schenkenberg günstig auf die Leistung des Bewässerungsbetriebes und dementsprechend auch auf die Abwasserabnahme ausgewirkt hat. Letztere ist in ihrer Gesamtheit zur gemeinschaftlichen Bewirtschaftung und Nutzung ihrer Flächen übergegangen und stellt damit das erste vollkommen genossenschaftlich arbeitende Bewässerungsgebiet dar. KUHLEWIND [104] fordert aus Gründen eines rentablen Bewässerungseinsatzes für die Bundesrepublik eine vorherige Flurbereinigung, die mit ungeheurem Aufwand an Kleinarbeit auch für die Anlage in Braunschweig durchgeführt worden ist. Unter unseren Verhältnissen kommt es darauf an, in den nunmehr weitgehend genossenschaftlich wirtschaftenden Bewässerungsgebieten eine an die Belange des Bewässerungsbetriebes angepaßte Schlageinteilung [15] durchzuführen. Bei Neuanlagen ist es daher erforderlich, diesen Gesichtspunkt ebenfalls bereits bei der Projektierung zu berücksichtigen und Gebietsteile mit geräumigerer Flächenstruktur bevorzugt auszuwählen. Die Kleinfläche ist gerade für die Beregnung ein unüberwindliches Hindernis für ein ausreichendes Bewässerungsdargebot wie besonders auch für die Abwasserabnahme.

Die Größe der einzelnen Verwertungsgebiete liegt im Mittel bei 375 ha erschlossener Bewässerungsfläche. Sie spielt landwirtschaftlich im engeren Sinne nur eine untergeordnete Rolle, wie die Zugehörigkeit der besten Verwertungsgebiete zu verschiedenen Größenklassen erkennen läßt. Lediglich bei den Anlagen unter 100 ha sind, sofern beregnet wird, Nachteile durch ein ungünstigeres Verhältnis zwischen technischem Betriebsaufwand und Nutzeffekt zu erkennen. Außerdem sind hier auch in landwirtschaftlicher Hinsicht die Intensivierungsmöglichkeiten durch den geringen Flächenanteil und die verringerte Einrichtung und Ausnutzung von Gemeinschaftsanlagen meist kleiner. Andererseits müssen auch ausgesprochene Großanlagen, soweit sich hierfür bei der erforderlichen Weiträumigkeit überhaupt

geeignete Flächenkomplexe finden lassen, zumindest vom betriebstechnischen Standpunkt sowie hinsichtlich der schwierigen Sicherstellung einer ganzjährigen Abwasserabnahme als weniger günstig bezeichnet werden.
Abschließend hierzu kann noch auf die Vorteile der günstigen äußeren Verkehrslage aller Verwertungsgebiete aufgrund ihrer Stadtnähe kurz verwiesen werden, die sich für die Intensivnutzung auch heute noch recht günstig auswirkt.

3,2 Die technischen Voraussetzungen

3,21 Die Abwasserverhältnisse

Je nach dem vorhandenen Kanalisationssystem, der Zusammensetzung und Nährstoffkonzentration des Abwassers sowie seiner Anfallsmenge und zeitlichen Verteilung ergeben sich in technischer, betrieblicher und landwirtschaftlicher Hinsicht unterschiedliche Vorbedingungen für die Landbehandlung. Über ihre Gestaltung und Einflußnahme auf den Verwertungsbetrieb in den bestehenden Anlagen ist folgendes anzugeben:
Die Abführung des Abwassers aus den Städten erfolgt überwiegend durch Mischkanalisation und nur in neun Anlagen mittels Trennsystem ohne die zusätzliche und vor allem sehr unregelmäßige Belastung mit Regenwasser. Hierdurch ergeben sich von vornherein für die Mehrzahl der Gebiete erhöhte Abnahmeschwierigkeiten, denen nur in ungenügendem Maße durch einen entsprechend größeren Speicherraum und Entlastungsflächenanteil von seiten der Projektierung Rechnung getragen worden ist. KÖNIG [95] wies auf diese Zusammenhänge bereits hin, als die ersten Bestrebungen zur weiträumigen Verwertung zutage traten, und forderte die verstärkte Anwendung des Trennsystems. Auch die neueren Betriebserfahrungen zeigen, daß die Nachteile des Mischsystems als ein ganz wesentlicher Grund für die teilweise noch sehr unvollkommene Abwasserabnahme angesehen werden müssen. Die bei Mischkanalisation häufig verlangte Abnahmepflicht des $2^1/_2$ bis 5fachen Trockenwetteranfalles kann infolge der mangelnden technischen Einrichtungen sowie der sich hieraus ergebenden unterschiedlichen Betriebsbelastung nicht eingehalten werden. Einer Abmessung des Speicherraumes für mindestens den $1^1/_2$ fachen Trockenwetteranfall (pro Tag) sowie der Anlage von Filterflächen in der Nähe des Sammelbeckens, die mit natürlichem Gefälle automatisch beschickt werden können, kommt daher eine wesentliche Bedeutung zu. Die hierfür erforderlichen Bau- und Betriebskosten sollten in Zukunft entsprechend dem Vorschlag von ZUNKER [203] zusätzlich veranschlagt werden. Auch die Ansicht von KALWEIT [74], bei der Planung der Anlage vom Trockenwetteranfall einschließlich einer bestimmten Regenwassermenge auszugehen, erscheint bei Einspeisungsmöglichkeit von Klarwasser zur Überwindung der Abnahmeschwierigkeiten durchaus beachtenswert. Darüber hinaus muß aufgrund der Verordnung vom 15. 3. 1956, die bei Ausbau neuer Kanalisationsanlagen auch gleichzeitig die Regelung der Reinigung vorschreibt, besonderer Wert darauf gelegt werden, daß bei Verwertungseignung dem Trennsystem der Vorrang eingeräumt wird.

Über die Zusammensetzung der gemeindlichen Abwasser, die in erheblichem Maße von dem Umfang der angeschlossenen gewerblichen und industriellen Betriebe abhängig ist, gibt die Tab. X Auskunft. Ihr Anteil beläuft sich in den bestehenden Anlagen auf durchschnittlich 31% innerhalb eines Schwankungsbereiches von 0–65% an der Gesamtabwassermenge. Selbst bei Überwiegen gewerblicher Abwässer kann, wie das Beispiel Forst mit einer außerordentlich starken Beimengung von Abwässern der Textilindustrie zeigt, eine günstige Verwertungseignung vorliegen. Entscheidend ist in solchen Fällen der Gehalt an pflanzenschädigenden Stoffen sowie das Verdünnungsverhältnis, worüber die grundlegenden Arbeiten von KÖNIG [96] eingehend Auskunft geben. Nennenswerte Vergiftungserscheinungen an den Pflanzen sind in keinem Fall bekannt geworden. Zur Kennzeichnung der Nährstoffverhältnisse wurden die neuesten Analysenwerte über den Gehalt an Stickstoff, Phosphorsäure und Kali für die einzelnen Anlagen gesammelt und ebenfalls in der Tab. 12 zusammengestellt. Sie zeigen je nach den örtlichen Verhältnissen ganz erhebliche Unterschiede, die trotz der heute geringeren Bewertung des Düngewertes den Verwertungserfolg beeinflussen können. Die Stickstoffwerte liegen im Bereich zwischen 26–90 mg/l, während sich die Angaben für den Phosphorsäure- und Kaligehalt innerhalb der Spanne 5–28 mg/l und 15–128 mg/l bewegen. Im Durchschnitt von 17 Anlagen wurden 64 mg/l N, 13 mg P_2O_5 und 47 mg/l K_2O errechnet. Interessant sind hierzu im Vergleich einige von anderen Autoren angegebene Durchschnittswerte, die nachstehend in chronologischer Reihenfolge aufgeführt sind:

TABELLE 12

Durchschnittswerte der im Abwasser enthaltenen Nährstoffe in mg/l

Autor	Ges. N.	P_2O_5	K_2O
Kreuz	100	25	60
Zunker	80	25	50
Kohlschütter	60	15	40
Kalweit-Schwarz	64	13	47

Neben dem typischen Verhältnis der drei Hauptnährstoffe im Abwasser ist eine Abnahme der Nährstoffgehalte zu erkennen. Sie findet ihre Erklärung in der starken Abhängigkeit der Nährstoffkonzentration von der Höhe des Tageskopfanfalles, auf die besonders KREUZ [86] und HOLLER [171] hinweisen und hieraus unter gewissen Vorbehalten eine Berechnungsmöglichkeit ableiten. Die in dieser Hinsicht bestehenden Wechselbeziehungen werden durch weitere Zahlenangaben in der Tab. 13 ergänzt.

Bei dem perspektivisch zu erwartenden Anstieg des Wasserbedarfes der Bevölkerung, über den KALWEIT [75] Vorausangaben im Rahmen der wasserwirtschaftlichen Perspektivplanung macht, muß daher mit einer weiteren Verringerung der Nährstoffgehalte gerechnet werden, wodurch jedoch der Verwertungsgedanke keinen

TABELLE 13

Nährstoffzusammensetzung des Abwassers im Verlauf verschiedener Zeitabschnitte

	Untersuchungs-zeitraum	Abwasser-menge l/Kopf/Tag	Nährstoffgehalt in mg/l		
			Ges.-N.	P_2O_5	K_2O
Dülmen	1917	200	52,5	13,0	68,8
	1937	375	34,7	6,0	15,3
Leipzig	1931—1937	n. b.	67,9	19,9	58,2
	1949	210	47,8	9,1	51,5
	1953—1954	218	52,8	10,1	53,3
Erfurt	vor 1939	180	50,0	21,0	22,0
	1950	200	40,0	15,0	14,0
Neustrelitz	vor 1945	110	85,0	27,0	51,0
	1950—1954	135	55,0	7,6	34,0

Abbruch erleiden dürfte. Immerhin deuten aber die Angaben von DIETZE [34], wonach die geringen Erfolge der Abwasserverwertung Arnstadt nicht zuletzt auf die recht geringe Konzentration des Abwassers zurückzuführen sind, auf eine zu beachtende Wertminderung bei weniger bewässerungsbedürftigen Standorten hin. In jedem Falle ist es im Interesse einer an die Abwassernährstoffe angepaßten Düngung sowie der Bemessung düngender Bewässerungsgaben notwendig, Abwasseranalysen zumindest in mehrjährigen Abständen durchführen zu lassen. Bedauerlicherweise nimmt sich dieser Aufgabe zur Zeit jedoch keine Institution in ausreichendem Umfange an. Eine Einschaltung der Organe der Flußüberwachung, der Hygiene-Inspektion sowie gegebenenfalls der Institute für Landwirtschaftliches Versuchs- und Untersuchungswesen erscheint zur Abhilfe dieses unbefriedigenden Zustandes entsprechend ihrer Aufgabenstellung zweckmäßig.

Über den vom bodenkundlichen Standpunkt wichtigen Gehalt an Natrium und Chlor geben einige neuere Analysen interessanten Aufschluß (Tab. 14).

Besonders am Beispiel Erfurt wird deutlich, in welchem Umfange diese beiden Krümelgifte dem Boden zugeführt werden. Es zeichnen sich wiederum erhebliche Unterschiede ab, deren Kenntnis für die Durchführung der Bewässerung sowie entsprechender Gegenmaßnahmen besonders auf den von Natur aus zur Verschlämmung neigenden und bereits degradierten Böden von Wichtigkeit ist. Leider hat es den Anschein, als wenn sich das Verhältnis zwischen den Kernnährstoffen und dem Gehalt an Natrium und Chlor weiter verschlechtert, was die Bedeutung des Problemkreises Abwasser und Bodenfruchtbarkeit unter besonderer Beachtung dieser beiden Inhaltsstoffe auch unter weiträumigen Verwertungsverhältnissen nachdrücklichst unterstreicht.

Die Abwassermenge schwankt innerhalb der einzelnen Anlagen je nach der Zahl der angeschlossenen Einwohner, der Ortsklasse, dem gewerblichen Abwasseranteil und den Kanalisationsverhältnissen in erheblichem Umfange. Bei Extremwerten von 120000 und 70 cbm Trockenwetteranfall pro Tag (Leipzig und Augustusburg)

TABELLE 14

Zusammenstellung neuerer Abwasseranalysen

Untersuchungszeitraum 1954/1955

(mg/l)

	Organ. Sub-stanz	Ges.-N.	P_2O_5	Kali	Kalk	Chlor	Na-trium	Ph
Leipzig	309	51,8	9,0	52,8	n. b.	187,0	205,0	7,8
Erfurt[1])	352	49,6	13,3	38,7	291,0	**354,0**	**312,0**	7,9
Arnstadt[1])	287	41,6	9,1	27,6	198,0	153,0	141,0	7,5
Rudolstadt[1])	327	47,0	8,4	27,4	183,0	136,0	128,0	7,8
Neustrelitz	541	55,0	7,6	34,0	110,0	120,0	n. b.	7,9

liegt die Durchschnittsspanne zwischen 750 und 15000 cbm/Tag. Vom landwirtschaftlichen und technischen Standpunkt ist dies als ein sehr günstiger Ausgangswert anzusehen, da weder besonders große noch zu kleine Abwassermengen für einen rationellen ganzjährigen Verwertungsbetrieb günstig sind.

Bemerkenswert ist der starke Anstieg des Abwasseranfalles selbst innerhalb kürzerer Zeitspannen, der bei der Projektierung der Anlagen durch eine entsprechende Großzügigkeit in der Gebietserschließung sowie der baulichen und technischen Einrichtungen nicht genügend berücksichtigt wurde. Ein Teil der im Höchstfalle 25 Jahre alten Anlagen ist bereits überlastet (z. B. Delitzsch-Schenkenberg), so daß die erhebliche Differenz zwischen dem Verwertungs-Soll und der tatsächlich abgenommenen Abwassermenge teilweise auch hierauf zurückzuführen ist. (s. S. 104).

Während die Richtzahl für den Abwasseranfall vor 30 Jahren je nach der Größe der Städte zwischen 75–100 l pro Kopf/Tag (KREUZ [86]) lag, wurde entsprechend den Ermittlungen von HEYD [62] bereits vor Ausbruch des zweiten Weltkrieges mit Mengen von 125–175 l gerechnet.

Wenn daher KALWEIT [76] für 1970 bereits Werte zwischen 150 und 250 l angibt, so geht daraus in Verbindung mit dem Bevölkerungszuwachs hervor, wie notwendig es einerseits ist, bei der Projektierung eine gewisse Großzügigkeit walten zu lassen und andererseits Erweiterungsbauten in bestimmten Zeitabständen vorzunehmen.

Bezüglich der zeitlichen Verteilung des Abwasseranfalles wurden die Feststellungen von BRIX [25], nach denen in den Sommermonaten eine Erhöhung bis zu 25% eintritt, durch eingehende Messungen an der Neustrelitzer Anlage weitgehend bestätigt [161]. Der landwirtschaftlich günstige Mehranfall in den Monaten Juni, Juli und August betrug hier 15%, wodurch sich bei normalem Betrieb die Einspeisung von Klarwasser weitgehend erübrigt. Im Interesse der unbedingt notwendigen Erhöhung der Bewässerungsintensität sollte hierauf jedoch bei größeren Planungen zur Überbrückung von akuten Trockenzeiten allerdings nicht verzichtet

[1]) Die Angaben wurden dem Verfasser vom Institut für Landw. Versuchs- und Untersuchungswesen der DAL in Jena zur Verfügung gestellt.

werden, zumal auch gewisse Verbrennungserscheinungen an jungen Pflanzen, die vom Verfasser [162] in Neustrelitz bei starker Sonneneinstrahlung und hoher Verdunstungsintensität beobachtet wurden, ausgeschlossen werden. Die von IMHOFF [68] näher untersuchten Schwankungen des Trockenwetteranfalles in den einzelnen Tagesabschnitten sind ohne betriebliche Auswirkungen. Demgegenüber übersteigen die Regenwetter-Abwasserstöße bei Mischkanalisation die Abnahmekapazität infolge zu geringer Speicherraumgröße in fast allen Anlagen.

3,22 Der Zustand und die Eignung der technischen Anlagen

Die Vorklärungseinrichtungen genügen, wie die diesbezüglichen Angaben der Tab. X zeigen, in den meisten Anlagen weder den hygienischen noch den technischen Anforderungen. Insbesondere ist es das Fehlen ausreichender Absetzbecken, was im Hinblick auf die Entfernung der Wurmeier, die Verringerung der bevorzugt an die festen Kotstoffe gebundenen pathogenen Keime und auch auf die Verstopfungsgefahr an den Regnern bemängelt werden muß. Sowohl die bei den älteren Anlagen zu geringe Absetzzeit wie die oft unzulängliche Kombination von Absetz- und Speicherbecken sind hierfür verantwortlich.
Die Abb. 4 zeigt die Vorkläreinrichtungen in der Neustrelitzer Anlage. Hier entschlammt sich das Abwasser in den beiden Längsbecken zwar in gewissem Umfange, da aber jegliche Vorrichtung für die Schlammräumung fehlt, werden in den Nachmittagsstunden beim Leerpumpen der Becken die Absetzstoffe wieder dem Verwertungsgebiet zugeführt. Der Kläreffekt ist damit weitgehend illusorisch. Darüber hinaus sind die überaus primitiven Verhältnisse zur Räumung und Bergung des Rechengutes sowie der viel zu gering bemessene und daher wirkungslose Sandfang zu erkennen. Demgegenüber zeigt die vor kurzem vervollständigte Vorklärung in Ludwigsfelde, wie die Abb. 5 und 6 erkennen lassen, ein sehr zufriedenstellendes

Abb. 4. Behelfsvorklärung Neustrelitz

Bild. Die Initiative der Wasserwirtschaftsbetriebe in einigen Anlagen muß in diesem Zusammenhang besonders hervorgehoben werden.
Von den Bauern wird zwar bevorzugt eine möglichst „dicke Brühe“ verlangt und auch von ZUNKER [203] der bei einer längeren Klärdauer entstehende Substanzverlust als bedeutender Nachteil angegeben; andererseits ist eine Annäherung an die hygienischen Forderungen, wie auch die von SCHAFFER [143] veröffentlichten Angaben zeigen, notwendig. Sie ist auch insofern vertretbar, als neuere Untersuchungen von BAUMANN [7] über die Ausnutzung von verschieden vorgeklärtem

Abb. 5. Sandfang Ludwigsfelde

Abb. 6. Spezielle Absetzbecken mit Schlammräumwagen Ludwigsfelde

Abwasser auf einem leichten Mittelboden keine wesentlichen Ertragsunterschiede gezeigt haben – anders ist es auf ausgesprochenem Sandboden – und auch in technischer Hinsicht durch die stärkere Einführung der Schwach- bzw. Mittelstarkberegnung an den Reinigungsgrad erhöhte Anforderungen gestellt werden. Eine Absetzdauer von einer Stunde erscheint daher landwirtschaftlich und kostenmäßig vertretbar. Die Forderung der A. T. V. nach einer Klärdauer von $1^1/_2$–2 Stunden muß dagegen infolge der kaum vorhandenen hygienischen Vorteile, die mit einem erheblichen Baukostenaufwand erkauft werden, als überhöht bezeichnet werden. Es wurde daher auch bereits bei der Projektierung der Neuanlagen Jüterbog, Stalinstadt und Frankfurt/O. dementsprechend verfahren. Im Interesse einer möglichst guten Abwasserausnutzung vor allem auch der Verringerung des Aufwandes für die Schlammbehandlung ist es allerdings zweckdienlich, die Vorklärung während der Herbst- und Winterbewässerung stärker einzuschränken, wogegen hygienischerseits kaum Bedenken erhoben werden können.

Neben der Vorklärung sind die Einrichtungen zur Sicherstellung der ganzjährigen Abwasserabnahme mangelhaft. Wenn auch in einigen Fällen entsprechend früheren Vereinbarungen eine volle Abnahme nicht verlangt wurde, so kann man sich hier des Eindruckes nicht erwehren, daß auch hier auf Kosten des Gesamterfolges sowie der laufenden Betriebsaufwendungen an Mitteln für die erforderlichen baulichen Einrichtungen äußerst gespart worden ist. Fehlen doch immerhin in 16 Anlagen jegliche Ansätze für spezielle Ausgleichsflächen in Form von Bodenfiltern, so daß sich hier eine besonders vordringliche Nachholearbeit ergibt. Die Erfahrungen lassen eindeutig erkennen, daß zwar ihre Ausdehnung je nach den Bodenverhältnissen, dem Grünlandanteil und dem Bewässerungsverfahren verschieden zu bemessen ist, selbst im günstigsten Falle auf sie aber nicht verzichtet werden kann (s. S. 105). Entsprechend dem von der ATV vertretenen Standpunkt [177], nach dem „die Abwasserlandbehandlung mit der Sicherung der zuverlässigen und ununterbrochenen Abnahme der Abwässer steht und fällt", muß auf eine baldige Abstellung besonders dieses Mangels gedrungen werden.

Die Abwasserverteilung auf die Bewässerungsflächen erfolgt vorwiegend durch das Beregnungsverfahren. 22 Verwertungsgebiete sind mit Beregnungsanlagen ausgerüstet, während in sechs Gebieten berieselt wird. Häufig handelt es sich um einen kombinierten Bewässerungsbetrieb (Beregnung – Rohr- bzw. normale Flächenberieselung), bei dem jedoch in der Mehrzahl die Beregnungsfläche den Hauptanteil des Bewässerungslandes ausmacht (siehe Tab. XI).

Das Überwiegen des Beregnungsverfahrens ergibt sich im wesentlichen aus der starken Abhängigkeit der Berieselung von den Geländeverhältnissen sowie der selbst in günstigen Lagen ungleichmäßigeren Befeuchtung bei einem weiträumigen Berieselungsbetrieb, die den kostenmäßigen Vorteilen meist gegenübersteht. Dagegen dürfte die u. a. von BAROCKA [6] vertretene Ansicht, nach der die Berieselung auch aus bodenkundlichen Gesichtspunkten infolge der höheren Wassermenge dem Beregnungsverfahren unterlegen ist, bei den modernen Verfahren nicht zutreffend sein. Es erscheint vielmehr durchaus begründet, wenn WARMUTH [182] auf dem teilweise schweren Boden des Leipziger Verwertungsgebietes der Berieselung insbesondere der Furchenberieselung wegen der geringen Verschlämmungswirkung den Vorzug gibt. Im übrigen ist auch die Beregnung nur bedingt unabhängig von der Geländeform, wenn in stark cupiertem Gelände nach neueren Untersuchungsergebnissen von ILLNER [66] sogar bei Feinberegnung mit erheblichen Bodenabspülungen zu rechnen ist und selbst bei dem groben Sandboden in Neustrelitz auf einer Reihe von Flächen von einer düngenden Herbst- und Frühjahrsbewässerung Abstand genommen werden mußte.

Es zeigt sich in der Abwasserpraxis deutlich, daß beide Verfahren Vor- und Nachteile aufweisen, die je nach den örtlichen Verhältnissen und dem Anwendungsbereich verschieden ausgeprägt sind. Sie ergänzen sich zum Teil bei der kombinierten Aufgabenstellung der Abwasserlandbehandlung recht günstig, so daß zumindest in größeren Betrieben ihr gemeinsamer Einsatz von erheblichem Vorteil ist. In 11 Anlagen wird dementsprechend verfahren und es kommen hierbei folgende Kombinationsformen zur Anwendung:

a) Beregnung innerhalb der Vegetationszeit; Beregnung, Rohrberieselung bzw. Flächenberieselung während der Herbst- und Wintermonate auf geeigneten Flächen.
b) Beregnung und Berieselung während der Vegetationszeit, wobei für letztere besonders geeignete Teilgebiete erschlossen sind, oder sie sich in Form der Furchenberieselung lediglich auf in der Nähe von Entnahmestellen befindliche kleinere Flächen beschränkt. Herbst- und Winterbewässerung siehe oben.
c) Berieselung und Beregnung während der Vegetationszeit wobei letztere nur dort eingesetzt wird, wo bei sonst günstigem Gelände eine Wasserverteilung durch die Berieselung nicht möglich ist. Herbst- und Winterbewässerung durch Berieselung.

Der in letzter Zeit stärker diskutierten Untergrundbewässerung, zu deren praktischen Einsatzmöglichkeiten vom Verfasser bereits Stellung genommen wurde [166], kann in Zukunft unter bestimmten Voraussetzungen für die Wasserversorgung kleiner intensivst bewirtschafteter Teilgebiete mit gartenbaulicher Nutzung Bedeutung zukommen. Ihre stärkere Einschaltung nach den Vorschlägen von JANERT [71] [72] bzw. STEIN [173] erscheint mit Ausnahme von Kleinstvorhaben jedoch nicht zweckmäßig. Demgegenüber kommt der Rohrberieselung, die in acht Verwertungsgebieten als Ergänzung zur Beregnung angewendet wird, im Rahmen des kombinierten Bewässerungsbetriebes eine ganz erhebliche Bedeutung gerade im Hinblick auf die ganzjährige Abwasserabnahme zu. Sie wird infolge der geringen Betriebskosten anstelle der Beregnung bevorzugt zur düngenden Herbst- und Frühjahrsbewässerung eingesetzt.

Die Beregnung als das gebräuchlichste Verfahren erfolgt in fast allen Fällen mittels halbstationärer Anlagen. Lediglich in Rudolstadt, Forst sowie den beiden Leipziger Anlagen mit vorherrschender Berieselung sind vollbewegliche Anlagen mit fahrbaren Pumpenaggregaten, die das Abwasser offenen Zuleitungsgräben entnehmen, in Gebrauch. Während letztere in Berieselungsgebieten im Interesse der Verfahrenskombination recht zweckmäßig sind, stehen in vorwiegenden Beregnungsgebieten den sich hieraus infolge der teilweisen Geruchsbelästigung, höherer Sickerverluste sowie der größeren Betriebsunsicherheit ergebenden Nachteilen zumindest bei größeren Anlagen kaum Vorteile gegenüber.

Der für den Beregnungsbetrieb recht wichtige Abstand und die Lage der Entnahmestellen als Übergang von der ortsfesten Druckrohrleitung zu den Regenanlagen entspricht nur in wenigen Fällen den betrieblichen Erfordernissen. Er ist nur selten der jetzigen Flurgliederung, der Ausrüstung der Anlagen mit Rohrmaterial sowie der Reichweite und Anzahl der Regner angepaßt und schwankt in den einzelnen Anlagen zwischen 500 und 100 m. Bis auf einige kleinere Gebiete ist er zu weit bemessen, wodurch der Rohrtransport, die gesamte Bedienung sowie auch der Rohrreibungsverlust unnötig erhöht werden. Die Grundregel, die besagt, daß eine übertriebene Sparsamkeit an Bauaufwendungen eine im Endeffekt weit größere Betriebskostenerhöhung mit sich bringt, trifft auch hier zu. HOLLER [171] gibt als zweckmäßigen Abstand je nach dem gewählten Beregnungssystem (Weit-, Mittel- und Flachstrahlberegnung) 300–120 m an. Von KALWEIT [74] wird eine Entfernung, die nur dem drei bis vierfachen der nutzbaren Regnerweite entspricht unter weitgehender Anpassung an die Wegeführung und Schlagverteilung vorgeschlagen. Lediglich die Erfurter Anlage kann in dieser Hinsicht als vorbildlich bezeichnet werden, da bei ihrer Projektierung diesem Gesichtspunkt infolge der bisher stark zersplitterten Flurlage besonders Rechnung getragen wurde. Ein Ausschnitt, der dies deutlich erkennen läßt, ist in der folgenden Abb. 7 wiedergegeben.

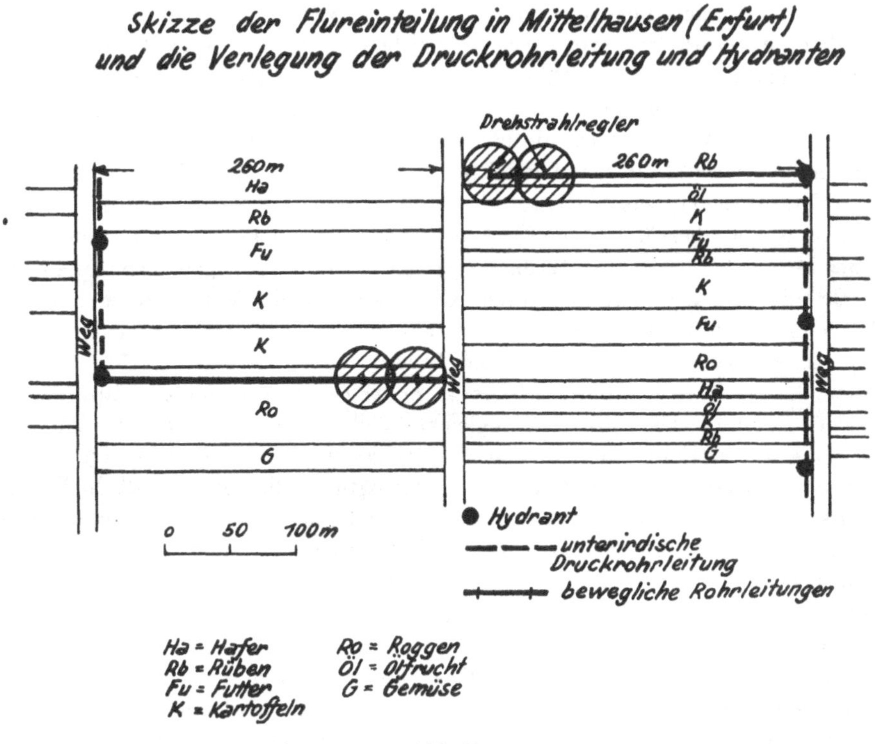

Abb. 7.

Auf diese Weise kann der Umbau der Leitungen ohne nennenswerte Flurbeschädigungen und mit verringerten Handarbeitsaufwand erfolgen. Es lassen sich bei einer geringeren Bemessung der Hydrantenbezirke aber auch erhebliche Längen an beweglichem Rohrmaterial einsparen.
Es sind daher in vielen Anlagen zwecks Rationalisierung der Bewässerungsarbeiten Ergänzungsbauten erforderlich, die bei geringem Mittelaufwand erhebliche betriebstechnische und arbeitswirtschaftliche Vorteile mit sich bringen. Die derzeitigen Erfahrungen deuten übereinstimmend darauf hin, daß auf ein möglichst eng verlegtes unterirdisches Rohrleitungssystem mit engem Hydrantenabstand in Zukunft nicht verzichtet werden kann. Der bewegliche Teil der Anlagen sollte sich im wesentlichen auf die Regnerflügel beschränken. Dies setzt allerdings die Entwicklung billiger ortsfest verlegter Rohre (evtl. aus Kunststoff) sowie eine Mechanisierung der Verlegearbeiten voraus. (Hierüber wird gesondert berichtet.)
Die Ausrüstung mit Schnellkupplungsrohren kann nach Beseitigung der Kriegsschäden in den meisten Anlagen zumindest zahlenmäßig als ausreichend angesehen werden. Im Durchschnitt stehen pro 10 ha Bewässerungsfläche 110 laufende m Schnellkupplungsrohre zur Verfügung. In Übereinstimmung mit den Ermittlungen von KALWEIT [74] können hier 100 m als Richtsatz gelten, der innerhalb der einzelnen Gebiete bei Extremwerten von 175 bzw. 45 m sowohl erheblich über- wie auch unterschritten wird. Einzelheiten über die diesbezüglichen technischen Voraussetzungen in den einzelnen Anlagen sind der Tab. XI zu entnehmen. Für die Feldhauptleitung werden fast ausschließlich Durchmesser von 100 mm Nennweite und für die Regnerflügel Rohre mit 80 mm Querschnitt verwendet. Lediglich in Görlitz und Lommatzsch kommen noch die schon recht unhandlichen Rohrweiten von 125 mm und in Augustusburg die leider zu wenig berücksichtigten 70 mm-Rohre zum Einsatz. Sowohl die feuerverzinkten Bandstahl-, wie auch Leichtmetallrohre haben sich unter den verschiedensten Verhältnissen in der Praxis bestens bewährt. Die teilweise vor über 20 Jahren in Betrieb genommenen Schnellkupplungsrohre der Firmen Perrot, Lanninger und Hydig bilden in den älteren Anlagen auch heute noch den Grundstock, der allerdings durch Kriegs- und Nachkriegsereignisse ganz erheblich reduziert wurde. Abgesehen von einigen Importlieferungen sind die Bestände inzwischen durch Rohre aus der Produktion des EKM Bitterfeld ergänzt worden, die besonders infolge ihres bisher zu hohen Gewichtes nicht den Anforderungen voll genügten. Die bisherige Ungleichmäßigkeit des Rohrgewichtes und der -länge, die die Betriebssicherheit und die Rohrreibungsverluste erheblich beeinflussenden zusätzlichen Schweißnähte in Querrichtung, die unterschiedliche Wandstärke sind weitere Faktoren, die die Leistung und Haltbarkeit herabsetzen, worüber auch von KLATT [79], [80] berichtet wird. Als völliger Notbehelf, der den Verwertungsgenossenschaften sehr teuer zu stehen kam, waren die unverzinkten und lediglich bitumierten Rohre anzusehen, da diese im Höchstfall drei Betriebsjahre überdauerten.
Auf zwei weitere Folgeerscheinungen dieser Mängel, deren Beseitigung besonders nachdrücklich in einer Stellungnahme der Deutschen Akademie der Landwirtschaftswissenschaften zu Berlin [210] gefordert wurde, sei noch kurz hingewiesen.

Es sind dies einmal arbeitswirtschaftliche Auswirkungen, die sich aus dem hohen Rohrgewicht ergeben, da selbst das Umtragen der 80iger Rohre für den Regenwärter bei einem intensiven Bewässerungsbetrieb keine einfache Aufgabe darstellt. Andererseits haben die z. T. ungenügende Leistungsfähigkeit der Rohre und Regner sowie die mangelhafte Ersatzteillieferung die Projektanten veranlaßt, die neuen Anlagen überreichlich auszustatten, um auch bei gewissen Ausfällen die Gewähr für eine Weiterführung des Betriebes zu geben.

Bezüglich der Ausrüstung mit Regnern ist leider noch zutreffend, daß trotz Vorhandenseins von neuen Geräten in einer Reihe von Verwertungsgebieten auf die längst ausgedienten Perrot- und Lanninger-Regner vom Typ BF 36 bzw. Regenwunder zurückgegriffen wird, sofern es sich nicht um Importgeräte handelt. Von den EKM-Regnern hat der Typ PR 21 infolge konstruktiver Mängel und schlechtem Material keinen Eingang in die Praxis gefunden. Die Modelle PR 22 bzw. 52/2, ein- bzw. zweiarmige Weitstrahlregner, ebenfalls mit Propellerantrieb sind zwar bei recht guter Strahlauflösung brauchbarer, jedoch befriedigt auch ihre Leistungsfähigkeit und Betriebssicherheit infolge zu starker Materialabnutzung unter Abwasserverhältnissen ebenso wie die des Typs PRL, der in Stalinstadt und Jüterbog zum Einsatz kam, nicht voll. Die häufig auftretenden Betriebsstörungen hatten zur Folge, daß nunmehr der Betrieb in beiden Gebieten sowie in Frankfurt/O., auf Regner vom Typ LKA 30 umgestellt wurde. Verbesserungen in der Beregnungstechnik sind daher dringend erforderlich. Ihre Notwendigkeit rechtfertigt eine stärkere Bearbeitung dieses Gebietes von wissenschaftlicher Seite und verlangt günstigere Produktions- und Materialvoraussetzungen in dem Herstellerwerk.

Abb. 8. Schwachberegnung

Die Zahl der in Betrieb befindlichen Weitstrahlregner beläuft sich, ebenfalls bezogen auf 10 ha Bewässerungsfläche, im Durchschnitt auf 0,5. Es entspricht dies 3–4 Regnern pro Wärterbezirk, was allerdings selbst unter Berücksichtigung der Reichweite der älteren Typen für einen zügigen Betrieb nach dem Zweiflügelsystem etwas zu gering ist. Es ergibt sich hieraus, daß trotz ernsthaften Bemühens der Verwertungsgenossenschaften bzw. der in den letzten Jahren für die technischen Fragen verantwortlichen kommunalen Wasserwirtschaftsbetriebe die Ausrüstung mit Rohrleitungen und besonders Regnergeräten noch verbesserungsbedürftig ist. Daß hiermit eine sehr wichtige Voraussetzung für einen leistungsfähigen und wirtschaftlichen Verwertungsbetrieb nicht erfüllt ist und es dringend einer grundlegenden Veränderung bedarf, ergibt sich von selbst.

Abb. 9. Weitstrahlberegnung Neustrelitz.

Der für den Verwertungserfolg ebenfalls wichtige Gesichtspunkt, sich bei der Projektierung und späteren Betreuung der technischen Anlagen dem Bewässerungsbedürfnis des jeweiligen Gebietes anzupassen, wurde ebenfalls zu wenig berücksichtigt. Die gerade auf den leichten Böden erforderliche Steigerung der Bewässerungsintensität scheiterte meist an der ungenügenden technischen Ausrüstung. Durch größere Wassermengen pro Einzelgabe als Ausgleich läßt sich eine Ertragssicherung allein nicht erreichen, wenn die Umtriebsgeschwindigkeit zu gering und damit der Abstand zwischen zwei Bewässerungen zu groß ist. Es kommt vielmehr darauf an, den standörtlichen Erfordernissen durch einen entsprechenden Regnerbesatz pro Flächeneinheit Rechnung zu tragen. Zuschläge von etwa 30% bei leichtem Boden gegenüber einem leichten Mittelboden sowie entsprechende Abzüge bei schwererem Boden verdienen unter Berücksichtigung der Flächenstruktur verstärkte Beachtung.

Von den verschiedenen Beregnungsformen überwiegt zur Zeit noch die Weitstrahlberegnung. Aus den entsprechenden Spalten der Tab. XI ist ersichtlich, daß lediglich in Nordhausen Kurzstrahlregner als Ergänzung für schmale Teilstücke sowie importierte Schwachregner in den Gebieten Halberstadt, Frankfurt/O., Jüterbog und Stalinstadt zum Einsatz kommen. Letztere haben sich auf dem schweren Halberstädter Boden bei einer sehr guten Vorreinigung seit drei Jahren gut bewährt. Betriebsstörungen sind nicht zu verzeichnen, was in hohem Maße auf die gute Qualität der Geräte, die im dritten Vegetationsjahr ohne jegliche Reparatur arbeiten, zurückzuführen ist. Die Anschaffungskosten sind zwar höher, aber die arbeitswirtschaftlichen Vorteile sind bei einer längeren Bewässerungsdauer in einer Regnerstellung bedeutend.

Die Frage, inwieweit die Weitstrahlberegnung (Starkberegnung) im Zuge der Verbesserung der Bewässerungstechnik in den bestehenden Anlagen eingeschränkt werden soll und noch bei neuen Projekten vorzusehen ist, erscheint daher besonders aktuell. Hierzu muß vor einer generellen Umstellung in den vorhandenen Gebieten gewarnt werden, da nicht überall die technischen Voraussetzungen hierfür vorhanden sind. Dies trifft insbesondere für die Vorklärung, die Pumpwerkseinrichtungen sowie den Abstand der Entnahmestellen zu. So wurde z. B. vom Verfasser in Neustrelitz sogar ein übereilter Übergang abgelehnt, da sich beim Einsatz von Schwach- und Mittelstarkregnern auf dem Versuchsfeld im dortigen Gebiet herausstellte, daß infolge der mangelhaften Vorklärung die Verstopfungsgefahr selbst bei Düsenweiten von 10 mm noch zu groß war. In diesbezüglich weniger extrem gelagerten Fällen erscheinen dagegen Umstellungen in Richtung auf eine Kombination beider Systeme ähnlich wie in Memmingen [89] sehr günstig, wobei an die Stelle der Langsamregner aus Gründen der Verstopfungsgefahr bei Abwasser zweckmäßig Mittelstarkregner treten sollten. Die arbeitswirtschaftlichen Vorteile sind besonders in größeren Gebieten auch bei ihnen noch bedeutend.

Bei Neuanlagen, bei denen die Reihenberegnung (Mittelstark- bzw. Schwachberegnung je nach Vorklärung) zweckmäßig die Grundlage zu bilden hat, sollte ebenfalls nicht zu einseitig vorgegangen und sowohl die „Schlagkraft" von Großflächenregnern als auch die gegenüber der Reinwasserbewässerung vielfältigeren Anforderungen an die Geräte berücksichtigt werden. Besonders für die Bewässerung zerstreut liegender Zwischen- und Zweitfruchtanbauflächen mit einem hohen Wasserbedarf, bietet ihre höhere Flächenleistung doch noch erhebliche Vorteile. Gleiches trifft auch für die düngende Vorratsbewässerung im Herbst und Winter zu, wobei insbesondere der höhere Verschleiß der kleineren Regner, der sich gegenüber der Weitstrahlberegnung auf eine größere Regnerzahl erstreckt, zu berücksichtigen ist. Bezüglich der Schwach- und Mittelstarkberegnung zeigen die Untersuchungen von BAUMANN [12] bei einer Beregnung verschiedener Gemüsearten mit differenzierter Regendichte keine Überlegenheit der ersteren und auch die Ergebnisse von WITTE [192] auf lehmigem Sandboden lassen keine wesentlichen Unterschiede zwischen beiden Beregnungsformen erkennen, während die Starkberegnung dagegen erheblich abfällt. Unabhängig von den noch zu erwartenden diesbezüglichen Ergebnissen ist der Ansicht von STEIN [175], der sich in einer Stellungnahme zur Langsamberegnung auch in dieser speziellen Frage für eine Anpassung der Planung an die örtlichen Verhältnisse ausspricht, unbedingt zuzustimmen.

Die Berieselung erfolgt in den ausgesprochenen Rieselgebieten sowie den Verwertungsräumen mit kombinierter Bewässerung durch die Flächen-, Furchen-

oder Rohrberieselung. Lediglich auf Entlastungsflächen kommt noch die Überstauung zur Anwendung. Abgesehen von der Rohrberieselung wird das Abwasser in den in Frage kommenden sechs Anlagen den Verwertungsflächen in offenen Gräben mit natürlichem Gefälle zugeführt, deren Verlauf innerhalb der Bewässerungsflächen den höchsten Gelände- stellen nach Möglichkeit angepaßt ist. Die technischen Einrichtungen sind denkbar einfach gehalten und beschränken sich auf Sohlbastürze in den Hauptzuleitern zur Durchlüftung des Abwassers, verrohrte Durchlässe, vereinzelte Dücker sowie Auslaßschieber zur Verteilung auf die jeweiligen Flächen. Aus dieser betont kostensparenden Bauweise haben sich eine Reihe von Nachteilen ergeben, die sich besonders auf das offene und gegen Versickerungen und Abspülungen völlig ungeschützte Leipziger Zuleitungssystem mit einer Länge von 250 km erstrecken. Die an heißen Tagen spürbare Geruchsbelästigung, der durch Mäuselöcher und willkürliche Einstiche sowie der durch die Versickerung bedingte Wasserverlust wie auch die Abwasseranreicherung mit Unkrautsamen der Grabenränder wirken sich hier äußerst ungünstig aus. Eine Verrohrung der Hauptzuleiter ist daher erforderlich. Auf den Bewässerungsflächen selbst wurde von Planierungsarbeiten abgesehen, so daß die Güte der Wasserverteilung besonders bei der Flächenberieselung recht unterschiedlich ist. Kleinere Unterschiede werden teilweise durch eine zweckdienliche Herrichtung des Feldes sowie ein sinnvolles Verteilsystem recht gut ausgeglichen. Hierzu sind besonders im Leipziger Gebiet kleinere Grabenpflüge und Furchenzieher sowie zur Bodenbearbeitung der Wendepflug und die Schleppe in Gebrauch. Die Unterschiede in der Wasserverteilung sind je nach der Sorgfältigkeit und Anpassung der Bewirtschaftung erheblich und lassen erkennen, in welch hohem Maße der Berieselungserfolg von der Mitarbeit der Landwirte abhängt. Sie erstreckt sich maßgeblich auch auf die Durchführung der Bewässerung, um mit Hilfe kleinerer Staueinrichtungen und bei rauher Furche kleineren Erdbewegungen das Abwasser in die richtigen Bahnen zu leiten. Hierdurch wird ein Beitrag geleistet, der bei Wirtschaftlichkeitsberechnungen zwischen den Hauptbewässerungsverfahren nicht erfaßt wurde, der

Abb. 10. Furchenberieselung in Delitzsch-Schenkenberg

aber arbeitsmäßig in Übereinstimmung mit den Angaben von KÖTTING [102] recht erheblich ist. Er wird in Zukunft im Zuge der weiteren Mechanisierung und Rationalisierung kaum noch aufzubringen sein.

An sich ist es unter günstigen Vorbedingungen durchaus möglich, die Abwassergaben (40–60 mm bei der Furchenberieselung und 80–120 mm bei der Flächenberieselung) an den Wasserbedarf der Pflanzen anzupassen, wobei die Furchenberieselung durch die Wasserführung in den Rieselrinnen die noch günstigeren Voraussetzungen bietet. Die Abb. 10 und 11 bestätigen dies weitgehend.

Abb. 11. Flächenberieselung (in Leipzig-Delitzsch)

Ein bisheriger Vorteil gegenüber der halbstationären Beregnung ist die günstige Anpassung der Berieselung an einen „springenden Bewässerungseinsatz", die es in Delitzsch-Schenkenberg bei bewässerungsintensiven Kulturen ermöglichte, bis zu zehn Gaben zu verabfolgen (s. auch S. 77 und 91). Andererseits zeigen die Leipziger Erfahrungen, daß man bei mittleren und vor allem größeren Vorhaben selbst bei günstigen Verhältnissen mit der Berieselung allein nicht auskommt, sondern zumindest beide Verfahren kombiniert einsetzen muß. Die von KALWEIT [74] auf Grund seiner Untersuchungen in den sächsischen Anlagen getroffene Feststellung, daß die Entwicklung bis auf gewisse Ausnahmefälle weiter zugunsten der Beregnung vor sich geht, ist daher prinzipiell richtig. Es sollten jedoch auch bei künftigen Planungen die Vorteile des kombinierten Bewässerungsbetriebes berücksichtigt werden. Dieses ist besonders im Hinblick auf den ganzjährigen Verwertungsbetrieb wichtig, der bei alleiniger Beregnung kaum bzw. nur mit hohem Kostenaufwand zu erreichen ist.

Wertvolle Dienste in dieser Richtung leistet besonders die Rohrberieselung, die das Abwasser in den kombinierten Anlagen bei niedrigstem Energieaufwand in den meisten Fällen recht befriedigend verteilt. Je nach den Boden- und Geländeverhältnissen sowie der Bodenbedeckung (Grünland) erfolgt in den betreffenden acht Anlagen der Wasseraustritt entweder direkt vom Rohrende aus auf die Fläche oder durch spezielle Rieselrohre (Hahnrohre, Lochrohre oder Rieselhähne mit Strahl-

brechern). Wie die Betriebserfahrungen zeigen, ist die Aufrechterhaltung des Betriebes ohne nennenswerten Verschleiß auch während der Frostzeiten möglich, wobei jedoch darauf geachtet werden muß, daß die Rohre nach Betriebsschluß auf unbewässerten Boden umgestellt werden. Eine besondere Form der Rohrberieselung lernte der Verfasser in der Pritzwalker Anlage zur Winterbewässerung der dort vorherrschenden Grünlandflächen kennen. Hier wird durch Austritt des Abwassers aus den nur lose eingeklinkten Kardankupplungen eine recht brauchbare Abwasserverteilung mit dem vorhandenen Material erreicht.
Andererseits sind dem ganzjährigen Einsatz der Rohrberieselung als Hauptbewässerungsverfahren, wie die Erfahrungen im Lommatzscher Gebiet gezeigt haben, infolge der gegenüber der Beregnung erheblich schlechteren Wasserverteilung starke Grenzen gesetzt.
Zusammenfassend läßt sich zum Stande der technischen Einrichtungen in den Verwertungsgebieten sagen, daß z. T. recht erhebliche Mängel den Verwertungsbetrieb beeinflussen. Die besonders in einigen sächsischen Anlagen unzureichende Anpassung an die landwirtschaftlichen Erfordernisse sowie die allgemein unzulänglichen Voraussetzungen für eine möglichst ganzjährige Abwasserabnahme lassen die Notwendigkeit einer verbesserten Zusammenarbeit zwischen Techniker und Landwirt bei der Planung der Anlagen ebenso deutlich wie auch die Bereitstellung ausreichender Mittel für die ordnungsgemäße Einrichtung der Gebiete erkennen. Wirtschaftlich entscheidend sind nicht die Baukosten, sondern die laufenden Betriebsaufwendungen, deren Höhe durch den Einsatz der kombinierten Bewässerung unter besonderer Berücksichtigung der Mittelstarkberegnung, einer möglichst weitgehenden Erschließung der Bewässerungsflächen durch unterirdische Leitungen, Automatisierungen an den Pumpwerkseinrichtungen und durch eine drucktechnisch zweckmäßige Lage der Speicherbecken unbedingt gesenkt werden muß. Ein besonderes Erschwernis ist durch die bisherige Situation in der Produktion von Beregnungsgeräten gegeben, die sich nicht nur auf die Güte und Intensität des Bewässerungsbetriebes, sondern auch die arbeitswirtschaftlichen Verhältnisse und die Kostenfrage ganz entscheidend auswirkt. Die erheblichen Unterschiede in der derzeitigen Leistungsfähigkeit der einzelnen Anlagen sind in beträchtlichem Maße von der technischen Betreuung abhängig, die erst in einigen Gebieten von den kommunalen Wasserwirtschaftsbetrieben mit gutem Erfolg angelaufen ist.

3,3 Die Organisation und Durchführung des Verwertungsbetriebes

Bedingt durch die Menge des Abwasseranfalles, die die Ausnutzungs- und Reinigungskapazität einzelner landwirtschaftlicher Betriebe überschreitet, erfolgt der Bewässerungsbetrieb fast ausschließlich auf genossenschaftlicher Grundlage. Lediglich in Forst ist das VE-Gut Neusacrow zur Zeit alleiniger Abwasserabnehmer. Die genossenschaftliche Nutzung erstreckt sich auf die Zuführung des Abwassers zu den einzelnen Flächen, in den meisten Fällen bei Beregnungsbetrieb aber auch auf die Verteilung innerhalb der Fläche selbst. Dem Vorschlage von FRECKMANN [43], der in Beregnungsgebieten für jedes Genossenschaftsmitglied mit einem größeren

Flächenanteil eine eigene Regenanlage aus Gründen der besseren Anpassungsfähigkeit an die Besonderheiten der einzelnen Wirtschaft empfiehlt, haben nur sehr wenig Betriebe Folge geleiset. Besonders nach der Bodenreform sind sie in der Abwasserpraxis nur ganz vereinzelt anzutreffen.

Auf die Vor- und Nachteile der genossenschaftlichen Bewässerung wurde vom Verfasser [161] bereits in anderem Zusammenhange eingegangen. Hierbei kam zum Ausdruck, daß die beim Beregnungsbetrieb häufig zu beobachtenden Mängel in der Anpassung der Wasserversorgung an den pflanzlichen Wasserbedarf weitgehend auf technische und organisatorische Unzulänglichkeiten zurückzuführen sind. Diese Ansicht wird auch durch die nachfolgenden Ausführungen, in denen die organisatorischen Voraussetzungen für den Verwertungsbetrieb sowie seine Durchführung in den verschiedensten Gebieten gegenübergestellt werden sollen, vollauf bestätigt. Es wird deutlich, in welch erheblichem Ausmaß der landwirtschaftliche Erfolg und die Lösung der Reinigungsaufgabe von einem gut geleiteten und überwachten Verwertungsbetrieb abhängen.

3,31 Die derzeitige Bewässerungsintensität

Als Beurteilungsgrundlage hierfür dienen die in den letzten Jahren ermittelten Werte über die jährliche Bewässerungsmenge sowie die Höhe und Anzahl der einzelnen Wassergaben. Sie sind in der Tab. XI im einzelnen mit aufgeführt. Zusammenfassend ist anzugeben: Die jährliche Bewässerungs- bzw. Verwertungsmenge liegt in den Beregnungsgebieten zwischen 90–450 mm als Extremwerten und beträgt im Mittel 240 mm. Bei Berieselung beläuft sich der Jahreswert auf 700 mm. In beiden Fällen handelt es sich um die tatsächlich auf die Flächen aufgebrachten Wassermengen. Insgesamt entspricht dies zwar weitgehend den von ANGERER [2], BAUMANN [9] und PAASCH [129] für pflanzenphysiologisch, bodenkundlich und wirtschaftlich zweckmäßig angegebenen Richtsätzen, die bei 300–400 mm für leichten Boden, 250–300 mm für mittlere und 180–225 mm für schwerere Böden liegen. Im Einzelfall ergeben sich jedoch für die verschiedenen Bodenarten recht erhebliche Abweichungen hiervon, die in erster Linie auf betriebstechnischen Mängeln beruhen. Hierbei sind entsprechend der nachfolgenden Zusammenstellung (Tab. 15a) die zum Teil viel zu geringen Mengen auf den leichten Böden trotz ausreichenden Abwasseranfalles sowie insgesamt die ungenügende Abstufung zwischen den drei Hauptbodenarten zu bemängeln.

Die Höhe der Einzelgaben ist je nach den örtlichen Verhältnissen und der Kulturart sehr unterschiedlich. Sie liegt bei Beregnung innerhalb der Spanne von 20–120 mm, während bei der Berieselung 80–200 mm pro Einzelgabe verabfolgt werden (die höheren Werte beziehen sich bei beiden Verteilungsverfahren auf das Grünland). Einen Überblick hierüber vermittelt die Tab. 15b, in der die jeweils durchschnittlichen Bewässerungshöhen (Vegetationszeit), aufgeschlüsselt nach den Hauptbodenarten, Acker- bzw. Grünlandbewässerung sowie Beregnung und Berieselung zusammengestellt sind.

TABELLE 15a

Die jährlich verwerteten Abwassermengen (mm)

	leichter Boden	mittlerer Boden	schwerer Boden
Beregnung			
Extremwerte	140—450	90—480	90—240
Mittel	240	260	215
Berieselung			
Extremwerte	350—2000		
Mittel	700		

TABELLE 15b

Durchschnittliche Höhe der Vegetationsbewässerungsgaben

		∅ Höhe der einzelnen Bewässerungsgaben/mm	
		Ackerland	Grünland
Beregnung	leichter Boden	40	
	mittlerer Boden	55	65
	schwerer Boden	40	
Berieselung	leichter mittlerer Boden	90	130

Auch hier ist die geringe Anpassung an die Bodenverhältnisse bei der Bewässerung des Ackerlandes zu erkennen. Besonders bei dem schweren Boden wird dem pflanzenphysiologisch-bodenkundlich wichtigen Grundsatz kleinerer Regengaben nicht genügend Rechnung getragen. Dies liegt einmal weitgehend an dem hohen Ausstoß der meist erheblich ausgearbeiteten Weitstrahlregner von z. T. 20 und mehr Millimeter pro Stunde sowie arbeitswirtschaftlichen Gesichtspunkten infolge der hierdurch bedingten beträchtlichen Verringerung des Umbauaufwandes. Zum anderen dürften die hohen und mit erheblichen Kosten verbundenen Anforderungen an die betonte Weiträumigkeit bei schweren Böden hierbei eine Rolle spielen. Besonders aber ist die zu langsame Umtriebsgeschwindigkeit der Anlagen (z. T. mehr als 4 Wochen) hierfür verantwortlich zu machen, bei der die Praxis in einer größeren Vorratsbildung an Bodenwasser noch die günstigste Möglichkeit sieht, um die jeweilige Zeitspanne überbrücken zu können. Gewisse Mängel in der Abwasserausnutzung durch oberirdischen Abfluß und Versickerung sowie z. T. recht erhebliche Verschlämmungserscheinungen müssen somit teilweise in Kauf genommen werden. Lediglich in den neueren Anlagen von Halberstadt, Nossen, Jüterbog und Stalinstadt mit Schwach- bzw. Mittelstrahlberegnung ist der Betrieb auf geringere Einzelgaben von 20–30 mm während der Vegetationszeit eingestellt.

Über die besonders wichtige Anzahl der Wassergaben, die die jeweilige Anpassung des Betriebes an die Belange des pflanzlichen Wasserbedarfes kennzeichnet, gibt die Tab. 16 auszugsweise Aufschluß.

TABELLE 16

Unterschiede in dem Bewässerungseinsatz bei einigen Verwertungsgebieten mit mittlerem-leichtem Boden

Anlage	Zahl der Umtriebe bei			tägliche Betriebszeit
	Grünland	Blatt-früchten	Halm-früchten	
Nordhausen	5—6	2—3	1	8 Stunden
Rudolstadt	5—6	2—3	—	16 Stunden
Görlitz	3—4	3	2	8 Stunden u. Zusatzber.
Erfurt	3	1—2	1	$8^1/_2$ Stunden
Arnsdorf	2	1	1	8 Stunden
Lorenzkirch	2—3	1	1	8 Stunden
Delitzsch-Schenkenberg (Berieselung)	10	5	—	16 Stunden

Weit an der Spitze liegt die wegen ihrer hervorragenden Bewässerungserfolge bekannte Reiselfeldgenossenschaft Delitzsch-Schenkenberg. Vor allem sind die 16stündige Betriebszeit, das bei der Berieselung bereits hervorgehobene günstige Anpassungsvermögen an die jeweils bewässerungsbedürftigen Flächen sowie die hervorragende Bewässerungsorganisation und -disziplin hierfür ausschlaggebend. In den Beregnungsgebieten kann die zeitliche Verteilung nur in einigen wenigen Anlagen befriedigen. Die erforderliche Anzahl von 5–6 Umtrieben auf dem Grünland und mindestens 2–3 Vegetationsbewässerungsgaben auf den Ackerflächen bei leichten und mittleren Böden wird lediglich annähernd in Nordhausen, Rudolstadt und Görlitz erreicht. Die ausgezeichneten Leistungen der Abwasserweiden auf dem VE-Gut Sundhausen (Nordhausen) sowie die bedeutende Leistungssteigerung des Grünlandes und vor allem des Feldfutter- und Futterhackfruchtbaues in Rudolstadt bzw. Görlitz spiegeln die Notwendigkeit einer entsprechenden Umtriebszahl der Regenanlagen besonders deutlich wider.

Die Angaben über die Gebiete Erfurt, Lorenzkirch und Arnsdorf mit ähnlich durchlässigen Böden kennzeichnen den allgemeinen Durchschnitt und damit die noch erheblichen Mängel des Verwertungsbetriebes. Neben den bereits beanstandeten Mängeln in der technischen Ausrüstung der Anlagen ist dies in erheblichem Umfange auf die z. T. stark verbesserungsbedürftige Bewässerungsorganisation zurückzuführen. Die von NEWRZELLA [123] ermittelten gebietsweisen Schwankungen der Bewässerungsleistung eines Regenwärters von 30–100 cbm/Stunde bzw.

0,5–2,5 ha/Tag stellen dies deutlich unter Beweis (s. S. 83). Allen Maßnahmen, die in dieser Hinsicht eine Verbesserung ermöglichen, kommt daher eine erhebliche Bedeutung zu.

3,32 Die organisatorische Gestaltung des genossenschaftlichen Bewässerungseinsatzes

Drei Gesichtspunkte sind hierbei im Interesse einer hohen Wirtschaftlichkeit besonders zu berücksichtigen und in Einklang zu bringen:

1. Die Anpassung der Wasserverteilung an die Belange der Pflanze und des Bodens,
2. Die Sicherung der laufenden Abwasserabnahme,
3. Eine möglichst günstige Ausnutzung der technischen Einrichtungen (besonders bei Beregnung).

Um dies zu erreichen, werden in den einzelnen Verwertungsgenossenschaften verschiedene Wege beschritten. Bei der am häufigsten anzutreffenden Betriebsform erstreckt sich der Umtrieb auf die jeweils in den betreffenden Zeitabschnitten bewässerungsbedürftigsten Pflanzen bzw. Pflanzengruppen. Die Beregnungsanlage „springt" also z. B. von einer Futterrübenfläche zur anderen. Infolge der bisher meist stark zersplitterten Lage der Einzelschläge, die einen erheblichen Mehraufwand an unproduktiver Umbauzeit verursacht, wurden in fast allen Anlagen mehrere Kulturpflanzenarten mit ungefähr übereinstimmender Bewässerungszeit zusammen bewässert. Dies erfolgte in etwa folgender Form:

TABELLE 17

Beregnungsumtrieb im Abwassergebiet Neustrelitz (Zeitraum. 1. 4 — 1. 10) mit 3 Anlagen

Umtrieb	bewässerte Pflanzenart	Bewässerungsfläche ha	Bewässerungstage
1.	Winterung, Feldfutter	116	26
2.	Winterung, Sommerung, Feldfutter	174	36
3.	Sommerung, Kartoffeln	110	26
4.	Kartoffeln, Rüben	64	16
5.	Rüben, Stoppelfrüchte	22	8
6.	Stoppelland, Saatfurche	125	30

Je nach der Bewässerungsintensität läßt sich auf diese Weise eine mehr oder weniger gute Berücksichtigung der Vegetationsbelange erreichen, ohne daß bei dieser Kompromißlösung die absolute Bewässerungsleistung infolge zu hoher Umbauzeit stark herabgesetzt wird. Im obigen Falle mit durchschnittlich zwei Bewässerungsgaben pro Kulturart innerhalb einer recht großen Zeitspanne läßt sich allerdings weder ein Dürreschutz noch die erwünschte Anpassung des Bewässerungszeitpunktes an den Witterungsverlauf ermöglichen. Neben einer Erhöhung der Umtriebszahl bedarf es

hierzu zusätzlicher Maßnahmen, deren Einführung in den meisten Gebieten auf erhebliche Schwierigkeiten gestoßen ist.
In Radeberg wurde es hiervon abweichend dem Bauern überlassen, welche Flächen er mit dem ihm zustehenden Abwasserkontingent bewässert haben will. Es sind sechs Umtriebe pro Jahr vorgesehen, bei denen jeweils ein Sechstel der Jahresmenge zur Verteilung kommt. Der Bauer braucht das Abwasser nicht abzunehmen, hat aber dann keinen Anspruch auf eine erhöhte Wasserbelieferung während späterer Umtriebe. Diese Regelung wirkt sich so aus, daß während der Vegetationszeit eine große Nachfrage nach Abwasser besteht, von November bis April die Wärter jedoch das Wasser trotz eines billigeren Preises pro Kubikmeter (im Sommer 2,5 DPfg. – Winter 0,5 DPfg.) anbieten müssen und nicht los werden. Es kommt hinzu, daß durch den vom Landwirt frei wählbaren Beregnungsort die Transport- und Umbauarbeiten für die Leitungen recht umfangreich werden und viel Zeit für den Beregnungsbetrieb verlorengeht (s. Tab. 19).
NEWRZELLA [122] setzt sich wegen der individuelleren Behandlung der landwirtschaftlichen Wünsche mit Recht für einen stärkeren Übergang zu dieser Form nachdrücklichst ein. Insbesondere wird von ihm die Festlegung des Beitragssatzes nach der Bewässerungsmenge und nicht nach der eingetragenen Fläche, wie dies ebenfalls in Zeitz, Stalinstadt und Frankfurt a. d. O. (Grundgebühr und Bewässerungsmenge nach Kubikmeter) der Fall ist, befürwortet. Eine wichtige Voraussetzung hierfür bilden jedoch ausreichende Ausgleichs- und Bodenfilterflächen, da damit gerechnet werden muß, daß nach einem feuchten Jahr die Bewässerungsfläche, abgesehen von ganz leichten Böden, erheblich zurückgehen kann. Der in Rudolstadt eingeschlagene Weg, bestimmte Kulturen, vor allem das Grünland, obligatorisch zu bewässern und demgegenüber bei den weniger bewässerungsdankbaren Fruchtarten des Ackerlandes freizügiger zu verfahren, erscheint daher wesentlich zweckmäßiger. Verallgemeinerungen sind auch hier nicht angebracht, da die Grenze, bei der die Freizügigkeit innerhalb der normalen Umtriebsbewässerung zu Lasten der Abwasserunterbringung geht, von Fall zu Fall verschieden ist.

Eine andere, entgegengesetzte Betriebsform hat sich in Erfurt infolge der Schwierigkeit, kleinere Parzellen im springenden Einsatz zu beregnen, eingebürgert. Hierbei bewegt sich die Regenanlage ohne Rücksicht auf den zeitlich unterschiedlichen Bewässerungsbedarf fortlaufend von einem Feldstück zum anderen. Lediglich dann, wenn der Flächennutzer die Bewässerung ablehnt, wird unterbrochen. In besonders dringlichen Fällen werden ferner Reserveleitungen bereitgehalten, die auf Anforderung außer der Reihe vergeben werden. DIETZE [33] gibt hierzu an, daß unter den Erfurter Verhältnissen kein anderer Ausweg blieb, um eine einigermaßen günstige Ausnutzung der Anlagen zu erreichen, und der Gesamtverwertungserfolg bei dem dortigen Mittelboden nicht ungünstig zu beurteilen ist.

Die Erfahrungen in den Anlagen Bautzen und Neustrelitz zeigen ebenfalls, wie schwierig es unter den bisherigen zersplitterten Flächenverhältnissen war, die landwirtschaftlichen Erfordernisse mit den technisch-betrieblichen Belangen in Einklang zu bringen. Trotzdem kann die obige Betriebsform auch bei den hierfür noch am ehesten geeigneten leichten Mittelböden nicht befürwortet werden, da sich neben der ungenügenden Anpassung der Wasserversorgung an die Pflanze hygienische Unzulänglichkeiten (Einhaltung der Karenzzeiten) nicht vermeiden lassen. Eine günstigere Ausnutzung der Anlagen muß vielmehr auf anderen Wegen erreicht werden (s. S. 82).

Ein weiterer Weg wird schließlich in den Gebieten Arnstadt, Forst und Jüterbog beschritten. Hier wird das Abwasser nur auf Anforderung der Landwirtschaft bzw. vom 1.4.—15.10 geliefert, was zur Folge hat, daß 74 bzw. 45% nicht verwertet werden und bis auf Jüterbog mit einem Anteil von 16% Bodenfilterfläche weitgehend ungereinigt abfließen. Die Gründe für diese z. T. sorglose Betriebsführung sind: ausgesprochen schwerer Boden, bei dem eine normale Umtriebsbewässerung bereits im zweiten Jahr wegen erheblicher Ertragsdepressionen aufgegeben werden mußte sowie im zweiten Falle jegliches Fehlen einer verantwortungsbewußten Bewässerungsorganisation. Sofern nicht, wie in Jüterbog die Voraussetzungen für einen landwirtschaftlich zu befürwortenden Beregnungs-Stauberieselungsbetrieb geschaffen werden (z. B. Umstellung ehemaliger Rieselfeldanlagen), ist hiergegen stärkster Einspruch zu erheben, da der Verwertungsgedanke dadurch unnötig in Verruf gerät.

Sondermaßnahmen zur Sicherung des Dürreschutzes: Bei dem hohen Wasserverbrauch der Pflanze in Trockenzeiten während der Hauptentwicklungsphase, der nach Untersuchungen von BAUMANN [13] bei leichtem Boden bis 10 mm pro Tag betragen kann und durch die Vegetationsbewässerung noch erhöht wird, sind die Abstände zwischen den einzelnen Bewässerungsumtrieben bei vorwiegend leichterem Boden selbst in den bewässerungsintensiveren Gebieten noch zu groß. Weder stärkere Trockenzeiten können erfolgreich überbrückt, noch die in den Arbeiten von BROUWER [27], BAUMANN [9] und dem Verfasser [163], [165] in Anpassung an die Witterung ermittelten zweckmäßigen Bewässerungszeitpunkte in dem wünschenswerten Umfange eingehalten werden. Hierzu ist, wie das Streben verschiedener Einzellandwirte nach eigenen Anlagen zeigte, eine Zusatzbewässerung notwendig und entsprechend den günstigen Erfahrungen im Görlitzer Verwertungsgebiet auch möglich.

Bei genügendem Abwasservorrat bzw. der Möglichkeit einer Klarwassereinspeisung hat sich unter den bisherigen Verhältnissen folgende Verfahrensweise bewährt: Je nachdem, ob die Hauptkulturen mit größerem Flächenanteil bzw. nur kleinere Teilstücke mit Intensivfrüchten unter Wassermangel leiden, wird entweder der Gesamtbetrieb entsprechend verlängert und durch Aufstellung von Reserveleitungen intensiviert oder eine individuelle Zusatzberegnung organisiert. Letztere erfolgt nach offiziellem Betriebsschluß durch die Flächennutzer selbst, die bei vorheriger Anmeldung vom Regenmeister das benötigte Leistungsmaterial gegen Entrichtung einer bestimmten Gebühr für die Abendstunden erhielten. DIETZE [34] bringt daher den Vorschlag, die technischen Einrichtungen von vornherein mit 20% Reserveleitung zu dimensionieren, um diese Einsätze während der Betriebszeit durchzuführen. Nicht zuletzt auf die hierbei bewiesene Aktivität ist es zurückzuführen, daß Görlitz landwirtschaftlich mit an der Spitze der Abwasserverregnungsanlagen liegt. Auf unseren sich jetzt ergebenden großen zusammenhängenden Schlägen kann wesentlich einfacher verfahren werden, indem unter Mitwirkung von Mitgliedern der Feldbaubrigade ein zusätzlicher Schichtdienst eingerichtet wird. Hierzu ist es erforderlich, von dem schematischen 8-Stundenbetrieb in Trockenzeiten abzugehen, was zur Zeit immer noch auf erhebliche Schwierigkeiten stößt.

Die Sicherstellung der ganzjährigen Abwasserabnahme ist, wie Erfahrungen in den verschiedenen Gebieten zeigen, durch die natürlichen und technischen Voraussetzungen, insbesondere den Grünlandanteil sowie die Bodenfilterfläche weitgehend vorgezeichnet. Gegenüber der Berieselung und den kombinierten Anlagen sind die Schwierigkeiten in den reinen Beregnungsgebieten größer. Der eigentliche Verwertungsbetrieb ruht hier in praxi zumindest während der Frostzeit, wenngleich nach Untersuchungen von KOSTKA [103] eine Aufrechterhaltung des Betriebes an sich möglich ist. Auch die Rohrberieselung wird z. T. wegen der Umstellungsschwierigkeiten auf dem aufgeweichten Boden und dem Festfrieren der Leitungen unterbrochen.

Eine erhebliche Erleichterung bietet die Anlage zusätzlicher Grünlandflächen (Delitzsch-Schenkenberg, Nordhausen, Rudolstadt, Zeitz und Radeberg), da hiermit nicht nur eine Verlängerung der Verwertungszeit auf die Monate Oktober bis Dezember erreicht, sondern auch in feuchten Vegetationsjahren die Möglichkeiten für eine noch weitgehend produktive Verwertung erweitert werden. Selbst in stärkeren Frostzeiten ist hier bei Berieselung, sofern Überstauungen vermieden werden, keinerlei Schädigungen, sondern in den meisten Fällen noch ein relativ günstiger Nutzeffekt festzustellen. Nach einigen Mißerfolgen bei schweren Bodenverhältnissen hat sich besonders in den Anlagen mit leichtem Boden und vorwiegender Ackernutzung ferner die düngende Vorratsbewässerung bewährt und in den letzten Jahren erheblich an Umfang zugenommen. Sowohl die rauhe Furche wie auch die Winterungsschläge erhalten Gaben von 60–150 mm, die meist vor der eigentlichen Frostzeit, z. T. aber auch danach verabfolgt werden. Eine stärkere Rücksichtnahme gegenüber Bodenabspülungen, der durch entsprechende Unterbrechungen des Betriebes an der betreffenden Stelle entsprochen werden kann, ist hierbei erforderlich und zu stark kupiertes Gelände weitgehend auszuschließen.

Von der Möglichkeit einer Waldbewässerung, über die WIERZBICKI [189] und SCHULZ-FALKENHAIN [169] in diesem Zusammenhang berichten, ist planmäßig noch nicht Gebrauch gemacht worden. Eigene sporadische Beobachtungen im Neustrelitzer Gebiet, wo das Abwasser beim Umstellen der Leitungen im Sommer und Winter von einem Hydranten aus einer kleineren Gehölzfläche zufließt, lassen einen sehr beachtlichen Holzzuwachs erkennen. Die erstaunliche Wachstumsintensität der in Oswitz (Wroclaw) besichtigten Pappelversuche deutet darauf hin, daß sich hierdurch in Zukunft für die ganzjährige Abwasserabnahme erhebliche Vorteile ergeben (s. auch S. 107).

Die wichtigste Voraussetzung für eine zweckmäßige Ausnutzung der Beregnungsanlagen stellen genügend große, zusammenhängende Bewässerungsflächen dar. In fast allen Gebieten wird von dem Bedienungspersonal auf die Schwierigkeiten hingewiesen, die sich bei der bisher vorherrschenden Kleinflächenbewirtschaftung und ungenügender Anpassung der Schlageinteilung an die Belange der Beregnung für einen fortlaufenden Betrieb ergaben. Der Abfall der Flächenleistung nimmt nach unseren Untersuchungen [168], wenn eine Mindestgrenze von ungefähr 2 ha unterschritten wird, ein kaum noch vertretbares Ausmaß an und ist durch den ständig zunehmenden Anstieg der Umbauarbeiten auf Kosten der Bewässerungszeit bedingt. Er beträgt z. B. in Bautzen bei einem allerdings noch langgestreckten und in verschiedene Teilabschnitte gegliedertem Gebiet 35%, belief sich in Neustrelitz bei einer Durchschnittsgröße der zusammenhängenden Flächen von 1,5 ha auf 25% und ist auch in den Thüringer Anlagen Rudolstadt, Arnstadt und Erfurt, wo die Größe der einzelnen Besitzflächen im Mittel zwischen 0,5 und 1,5 ha schwankte, unverhältnismäßig hoch.

Die Vorteile von Flächenzusammenlegungen und einer Anbauverteilung, die eine möglichst geschlossene Lage der in einem Umtrieb zu bewässernden Pflanzenarten ermöglicht, sind daher für den reibungslosen Bewässerungsbetrieb bedeutend. Eine genossenschaftliche Bewirtschaftung der Ländereien ist daher eine der entscheidensten Voraussetzungen für die Verbesserung des Bewässerungsbetriebes. Die LPG-Flächen in den Gebieten Görlitz, Ludwigsfelde und Pritzwalk lassen besonders auch auf diesem Gebiet bereits bedeutende Verbesserungen erkennen, die sich allerdings wesentlich günstiger auswirken könnten, wenn bei der Neuordnung der Flächen die Belange der Bewässerung überall zweckmäßig berücksichtigt worden wären [167]. Daß die Einführung einer Anbauordnung bei den noch vorhandenen Einzelwirtschaften gewisse Erleichterungen schaffen kann, ist aus der Tab. 18 zu ersehen.

TABELLE 18

Auswirkung einer Anbauordnung auf die Größe der Bewässerungsflächen im Neustrelitzer Abwassergebiet

	Gebietsgröße ha	Ø Flächengröße ha	größte Fläche ha	kleinste Fläche ha
vor der Bodenreform	283,5	14,5	24,7	2,4
1949—1950	237,2	2,6	12,5	0,25
mögliche Verbesserung der Anbauordnung	280,0	8,7	36,0	0,9
tatsächliche Verbesserung 1955	280,0	5,1	21,0	0,25

Besonders schwierig war hier eine Flächenvergrößerung im Bereich des Bodenreformlandes, wo nur eine Durchschnittserhöhung von 1,5 ha auf 2,6 ha erreicht wurde. Insgesamt gelang mit Hilfe der bereits mitgeteilten Anbauordnungssysteme [161] eine Steigerung der Umtriebsgeschwindigkeit um annähernd 15%. Ähnlich hat sich ferner die Neuanlage genossenschaftlicher Weiden in Rudolstadt, Nordhausen und Halberstadt ausgewirkt, deren weitere Ausdehnung auch auf andere Gebiete dank der seit einiger Zeit durchgeführten Beratungstätigkeit in Verbindung mit dem starken Anwachsen der LPG-Flächen erfreulicherweise Fortschritte zeitigt. Daß es hinsichtlich einer Anbauordnung auf dem Ackerlande über gewisse Ansätze in weiteren Anlagen nicht hinausgekommen ist, liegt an dem hierzu erforderlichen Aufwand an Beratungstätigkeit. Andererseits sind die bestehenden Möglichkeiten zu dieser erstmalig in Darmstadt-Griesheim [188] eingeführten Koordinierungsmaßnahme von der jeweiligen Fluraufteilung und dem Beteiligungsverhältnis abhängig.

Erhebliche Verzögerungen, die sich besonders bei der Bewässerung des Stoppellandes für die Hackfrüchte nachteilig auswirkten, sind ferner auf die ungenügende Anpassung der Feldbewirtschaftung an den Bewässerungsumtrieb in den meisten Anlagen zurückzuführen. Neben den Bestellungsarbeiten zum Zweit- und Zwischenfruchtbau trifft dies vom betrieblichen Standpunkt vor allem noch für die Koordinierung der Heuernte und den Weideumtrieb (Hygienefrage) zu. Die Zeitverluste die hierdurch eintraten, machten es erforderlich, Säumigkeiten dieser Art durch Auslassen der Bewässerung auf den jeweiligen Feldstücken zu ahnden. Daß die Ausnutzung der Anlagen weiterhin durch unpünktliche Gestellung der Gespanne und ungenügende Mitarbeit beim Umfahren der Rohre, eine allenthalben anzutreffende drucktechnisch unzweckmäßige Aufstellung der Leitungen und Regner [161] [79], sowie die teilweise wenig zweckdienliche Flächenzuteilung pro Regenanlage mehr oder weniger stark beeinträchtigt würden, ist ebenfalls zu erwähnen.

Inwieweit von den genannten Faktoren auch die Wirtschaftlichkeit beeinträchtigt wird, zeigen einige Zahlenangaben von NEWRZELLA [123].

TABELLE 19

Kostenübersicht

	Verwertungsmenge pro Regenwärter 1000 m³ u. Jahr	Kosten pro m³ Abwasser DPfg.	davon Lohnkosten DPfg.	Einnahme durch Beitrag DPfg./m³
Nordhausen	160,0	4,3	3,0	1,6
Görlitz	192,3	6,4	2,2	2,0
Erfurt	166,6	9,3	3,7	1,5
Bautzen	90,0	10,7	6,8	2,3
Radeberg	61,9	25,5	10,7	2,3

Es geht hieraus hervor, daß die Ausnutzung der Anlagen durch eine verbesserte Bewässerungsorganisation und -disziplin sowie eine Qualifizierung des leider häufig wechselnden Bedienungspersonals verbessert werden kann und muß. Nicht ganz verhindern läßt sich allerdings die betriebstechnisch ungünstigere Ausnutzung der Beregnungsanlagen während der Hauptvegetationsmonate gegenüber dem übrigen Zeitraum. Sie ist auf die höheren Aufwendungen zurückzuführen, die sich aus der Anpassung der Beregnungshöhe sowie vor allem auch des Zeitpunktes an die Pflanze ergeben. Im Herbst und Winter kann dieselbe Abwassermenge mit Hilfe größerer

Düsen, Rohrberieselung u. a. in erheblich kürzerer Zeit verteilt werden. Aus diesem Grund erscheint die von ANGERER [2] in Niedersachsen eingeführte Regelung, nach der im Sommerhalbjahr die Anlagen 10 Stunden betrieben werden und vom 1. Oktober ab ein 6stündiger Tageseinsatz vereinbart ist, außerordentlich zweckmäßig.

Im Interesse eines intensiven Bewässerungsbetriebes mit 3–4 Umtrieben auf dem Ackerland (einschl. Zwischenfruchtbau) und 5–6 Bewässerungsgaben auf dem Grünland unter den derzeitigen Verhältnissen (Achtstundenbetrieb) müssen noch 60 bis 70 ha wie in Görlitz und Nordhausen als Höchstgrenze für einen Anlagen- bzw. Wärterbezirk (nach ZUNKER [202] 80–140 ha) angesehen werden. Dieser Wert kann nach Einführung einer verbesserten Beregnungstechnik (Schwach- bzw. Mittelstarkberegnung mit mechanisiertem Leitungsumbau) im Zweischichtenbetrieb überschritten werden, wozu wiederum eine großräumige Flächenstruktur Voraussetzung ist.

Bei den hohen Lohnkosten und der von PAASCH [130], [131] nachgewiesenen Notwendigkeit einer höchstmöglichen Ausnutzung der Anlagen ist hierzu zukünftig auch in bewässerungsorganisatorischer Hinsicht eine stärkere Erschließung mit ortsfesten Leitungen (s. S. 67) zweckmäßig und wirtschaftlich gerechtfertigt.

3,33 Die Lenkung und Überwachung des Verwertungsbetriebes

Nur dann, wenn die Wasserverteilung sorgfältig geplant und in ihrer Durchführung überwacht wird, ist ein leistungsfähiger genossenschaftlicher Bewässerungsbetrieb möglich, kann die Abwasserabnahme sichergestellt werden und lassen sich Unstimmigkeiten unter den Bauern wegen einer unterschiedlichen Wasserversorgung ihrer Flächen vermeiden.

Hierzu bedarf es trotz verschiedener Einwände der Praxis eines Bewässerungsplanes, der den zeitlichen und örtlichen Ablauf des Betriebes regelt und an Hand der Bestellungsunterlagen rahmenmäßig in den Wintermonaten aufgestellt werden muß. Ihm kommt um so größere Bedeutung zu, je mehr Freizügigkeit gegenüber den Bewässerungswünschen der Genossenschaftsmitglieder gewährt wird (s. S. 79). Leider fehlt diese wenigstens in groben Zügen verbindliche Unterlage für die Durchführung des Verwertungsbetriebes noch in der Mehrzahl der Gebiete.

Absprachen über die Anbauplanung und -verteilung und deren Abstimmung mit der Bewässerung sind nur in Ausnahmefällen zustande gekommen. Vielmehr ist das Bewässerungspersonal, sofern es an einem möglichst reibungslosen Ablauf interessiert ist, darauf angewiesen, sich die entsprechenden Auskünfte selbst einzuholen. Damit fehlt jedoch noch in den meisten Fällen der Gesamtüberblick über die hierbei im Vordergrund stehende Abnahmesicherung und die Einhaltung der hygienischen Schutzzeiten in den einzelnen Zeitabschnitten.

DIETZE [34] gibt hierzu auf Grund seiner langjährigen Erfahrungen im Erfurter Gebiet folgendes an:

„Ein Bewässerungsplan, der zwar von den interessierten Behörden immer wieder angefordert wird, besteht nicht, da die Witterung stets einen Strich durch die Rechnung machte.

Außerdem steht Abwasser immer in beliebiger Menge zur Verfügung und braucht also nicht eingeteilt zu werden. Die Organisation des Beregnungsbetriebes muß in großen Umrissen bei der Projektierung der Anlagen erfolgen. Ausschlaggebend ist, daß an der Spitze des Betriebes ein Mann steht, der die Belange der Landwirtschaft zu beurteilen weiß, den Betrieb vollkommen übersieht und genügend Tatkraft besitzt."

Hieraus geht einmal sehr richtig hervor, daß es falsch ist, an dem Bewässerungsplan zu „kleben". Andererseits zeigt der Hinweis, das Abwasser brauche wegen der ausreichenden bzw. im Überfluß vorhandenen Menge nicht eingeteilt zu werden, daß die Sicherung der laufenden Abwasserabnahme hierbei zu wenig beachtet wird. Aus diesem Grunde sowie den hygienischen Erfordernissen kann auf einen Rahmenbewässerungsplan nicht verzichtet werden, den die Genossenschaftsversammlung zu beschließen hat und der eingehalten werden muß. Sondereinsätzen sowie gewissen Abänderungen bei anormaler Witterung, die vom Genossenschaftsvorsteher (Leiter des landwirtschaftlichen Beirates) zu veranlassen sind, steht hierdurch nichts im Wege. Landwirt und Bewässerungspersonal können auf diese Weise vorher disponieren, es werden viel Leerlauf und auch private Konzessionen der Wärter gegenüber speziellen Bewässerungswünschen vermieden [61], [55].

Die Überwachung der Bewässerungsarbeiten, ohne die ein zügiger Betrieb, eine entsprechende Bewässerungsgüte und die Einhaltung der Umtriebstermine nicht sichergestellt sind, läßt ebenfalls noch zu wünschen übrig. Verschiedene Besichtigungen in fast allen Anlagen zeigten dies mit aller Deutlichkeit. Übermäßige Leerlaufzeiten bei dem „springenden Bewässerungsbetrieb", Fehler bei der Aufstellung der Regner unter Beachtung der drucktechnischen Belange, die mangelhafte Überwachung der Geräte, die geringe Verständigungsmöglichkeit der Wärter in größeren Gebieten untereinander sowie mit der Pumpstation lassen sich durch eine Aufsichtsperson, in Form des Regen- bzw. Rieselmeisters weitgehend vermeiden. Die hierfür erforderlichen Kosten sind, wie die Erfahrungen in Görlitz, Rudolstadt, Nordhausen und in letzter Zeit in Neustrelitz gezeigt haben, gerechtfertigt. Sie können in mittleren Anlagen dadurch niedriger gehalten werden, daß der Regenmeister in der zweckmäßig nicht in die Trockenmonate zu legenden Urlaubszeit die Bedienung der jeweiligen Anlagen mit übernimmt.

In jeder Hinsicht bewährt, ebenfalls jedoch zur Zeit nur in fünf Anlagen vorhanden, haben sich Bewässerungstagebücher, durch die jederzeit der Nachweis über die geleistete Arbeit erbracht werden kann. Ihre Auswertung gibt ferner, wenn sie nach dem Vorschlag des Verfassers [161] außer den üblichen Angaben (Datum, Flächenbesitzer, Anbaufrucht, Bewässerungszeitraum) noch Aufzeichnungen über die Größe der bewässerten Fläche, die Umfahrzeiten sowie Bemerkungen über Betriebsstörungen enthalten, wichtige Aufschlüsse über den derzeitigen Leistungsstand. Von HESS [61] und NEWRZELLA [122] werden spezielle Quittungsblöcke, auf denen der Flächenbesitzer die Bewässerungsarbeit anerkennen und abzeichnen muß, vorgeschlagen. Sie sollen im Zuge einer Beitragsfestlegung nach der tatsächlichen Bewässerungsleistung eingeführt werden,

Zusammenfassend ist festzustellen, daß die recht unterschiedliche Bewässerungsintensität, Abwasserabnahme und auch die Wirtschaftlichkeit in den einzelnen Gebieten weitgehend von dem jeweiligen Stand der Bewässerungsorganisation abhängig sind. Die hier als günstig hervorzuhebenden Gebiete Rudolstadt, Nordhausen, Görlitz und Delitzsch-Schenkenberg stellen gleichzeitig auch die landwirtschaftlich und wasserwirtschaftlich (Abwasserreinigung) besten Gebiete dar, obwohl die technische Ausrüstung mit Beregnungsmaterial z. T. ungünstiger ist als in anderen Gebieten. Durch die angelaufene Beratung und Betreuung der Anlagen lassen sich gerade in dieser Hinsicht ohne größere Aufwendungen noch erhebliche Verbesserungen erzielen, zumal in den meisten Gebieten hier noch vieles im argen liegt. Besondere Bedeutung kommt einer Organisationsform in allen Abwassergebieten zu, die dem entscheidenden Einfluß des landwirtschaftlichen Fachmannes auf den landwirtschaftlichen Bewässerungsbetrieb vom Hydranten ab Rechnung trägt und die technische Betreuung in die Hände der kommunalen Organe legt.

3,4 Die landwirtschaftliche Ausnutzung des Abwassers unter den verschiedenen Standortsverhältnissen

Der Grad der Abwasserausnutzung und damit der landwirtschaftliche Verwertungserfolg hängen ähnlich wie bei jeder anderen Meliorationsmaßnahme von mehreren Faktoren, die sich in ihrer Auswirkung gegenseitig beeinflussen, ab. Besonders hervorzuheben sind:

1. Das landwirtschaftliche Verbesserungsbedürfnis und die natürliche Verbesserungsmöglichkeit des jeweiligen Standortes,
2. die Anpassung der technischen Einrichtungen an die landwirtschaftlichen Erfordernisse,
3. die landwirtschaftliche Bewirtschaftung, insbesondere die Ausrichtung des Feldbaues und der gesamten Betriebsorganisation auf die Bewässerungsverhältnisse.

Aus den zu den Punkten 1 und 2 bereits getroffenen Feststellungen geht klar hervor, daß die landwirtschaftlichen Erfolgsmöglichkeiten in bedeutendem Umfange von der Auswahl des Verwertungsstandortes, der technischen Einrichtungen der Anlage und der Organisation des Bewässerungsbetriebes abhängen. Vor allem SCHONNOPP [152] und BAUMANN [16] sahen sich daher veranlaßt, in ihren Arbeiten wiederholt auf die Notwendigkeit einer engen Zusammenarbeit zwischen Landwirt und Techniker nachdrücklich hinzuweisen.

Wenn nun einer Reihe landwirtschaftlich erfolgreicher Verwertungsgebiete andere gegenüberstehen, die den Eindruck „steckengebliebener Meliorationen" machen, so kann hierfür die Landwirtschaft nur bedingt verantwortlich gemacht werden. Andererseits ist nicht zu bestreiten, daß selbst bei günstigen Verwertungsbedingungen landwirtschaftlicherseits die bestehenden Intensivierungsmöglichkeiten noch nicht voll ausgenutzt werden. PAASCH [127] hat sicher recht, wenn er feststellt, daß „alle Bauern den großen Nutzen des Abwassers erkannt haben und hierauf nicht verzichten wollen, jedoch nur wenige es verstehen, ihn optimal auszunutzen".

Es bedarf daher im Interesse eines höchstmöglichen Verwertungserfolges neben der Zusammenarbeit des Landwirtes und Technikers bei der Planung und Projektierung der Anlagen auch einer intensiven Beratungstätigkeit der Landwirte. Die Ansicht von SCHONNOPP [153], [154], daß durch kein anderes Meliorationsverfahren so einschneidende Betriebsveränderungen möglich werden, unterstreicht dieses Erfordernis ebenso, wie auch der erhebliche Flächenumfang bzw. die meist recht große Zahl der beteiligten Bauern, die im Gegensatz zu den Bewässerungslandwirten von Einzelbetrieben nicht über die Intensivierungsmöglichkeiten in dem erforderlichen Maß informiert sein können. Leider wurde hier Entscheidendes besonders bei den kleinen Anlagen versäumt und die seit kurzem ins Leben gerufene Spezialberatungsstelle steht vor erheblichen, aber durch die Zunahme und das weitere Anwachsen der LPG erfolgversprechenderen Nachholearbeiten. Die folgende Auswertung gibt in einigen Hauptpunkten einen Überblick über den derzeitigen Ausnutzungsstand in pflanzenbaulich-betriebswirtschaftlicher Hinsicht. Hierbei wird wiederum besonderer Wert auf eine standörtlich differenzierte Betrachtung gelegt.

3,41 Anbau und Ertragsleistung auf dem Bewässerungsland

Zur Kennzeichnung des Verwertungserfolges, seiner Abhängigkeit von den Standortverhältnissen und der Anbauverteilung sollen zunächst die Ertragsleistungen einer Reihe von gut geleiteten Bewässerungsbetrieben in den Gebieten Neustrelitz, Erfurt, Rudolstadt und Arnstadt gegenübergestellt werden.

TABELLE 20

Ermittelte Mehrerträge in bodenmäßig verschiedenen Verwertungsgebieten

Fruchtart	Neustrelitz		Erfurt		Rudolstadt		Arnstadt	
	dz/ha	Rel. Z.	dz/ha	Rel. Z.	dz/ha	Rel. Z.	dz/ha	Rel. Z.
Grünland (Heu)	—	—	30	150	30	150	15	125
Futterrüben	180	200	400	160	250	148	150	125
Kartoffeln	70	138	50	125	30	115	20	112
Getreide	8	135	4,5	125	3	110	1,5	105
	leichter Boden		leichter Mittelboden		guter Mittelboden		mittelschwerer Boden	

Sie lassen den Einfluß der Bodenverhältnisse auf die durchschnittliche Mehrertragsbildung ebenso deutlich erkennen, wie das unterschiedliche Abwasserausnutzungsvermögen durch die einzelnen Kulturpflanzengruppen. Die in 3,1 bezüglich der Standortseignung vertretenen Ansichten werden somit nachdrücklich unterstrichen. Es handelt sich um durchaus erreichbare Relativwerte, die für die landwirtschaftlich-technische Planung der Anlagen sowie die Ausrichtung der Feldbauorganisation als Anhaltspunkte dienen können.

Bezogen auf die Gesamtzahl der Anlagen liegt beim Grünland nach Auswertung der in den einzelnen Gebieten durchgeführten Ermittlungen der durchschnittliche Mehrertrag zwischen 15 und 40 dz/ha Heu, wobei den oberen Wert je nach der Jahreswitterung, der Bewässerungsintensität und Bewirtschaftung sowohl Gebiete mit günstigen wie auch weniger günstigen natürlichen Standortbedingungen erreichen. Die Ertragsleistungen sind gegenüber denen der Anbaufrüchte auf dem Ackerland, sofern die Bewirtschaftung ordnungsgemäß durchgeführt wird, wesentlich ausgeglichener. Sowohl von den Wiesen als auch besonders von den Weiden wird die Vegetationsbewässerung auch noch in relativ feuchten Jahren und bei nicht zu schwerem Boden eine ordnungsgemäß dosierte düngende Herbst- und zeitige Frühjahrsbewässerung gut ausgenutzt.

Als vorbildlich in der Bewirtschaftung des Abwassergrünlandes ist vor allem das Gebiet Rudolstadt zu bezeichnen, in dem von 124 ha Grünland 55 ha schon längere Zeit als Gemeinschaftsweiden zusammengefaßt recht bedeutende Erträge erbringen. Die Leistungen für 1954 bei einer Weidedauer von 175 Tagen betrugen z. B. in

Kirchhasel mit 18 ha Weidefläche	und Etzelberg mit 34 ha Weide
45 Kühe	70 Kühe
28 Stück Jungvieh	40 Stück Jungvieh
7 Fohlen	7 Fohlen
90000 kg Milch (3,6% Fett)	125000 kg Milch (3,5% Fett)
3500 kg Fleischzuwachs	6000 kg Fleischzuwachs
0,23 ha Flächenbedarf/GVE	0,29 ha Flächenbedarf GVE

Günstige Verhältnisse wurden ebenfalls noch in Nordhausen, besonders auf den Weideflächen des VEG Sundhausen, in Delitzsch-Schenkenberg und in Einzelbetrieben von Leipzig-Delitzsch, Radeberg und Pritzwalk angetroffen. Hier wird, wie der geringe Bedarf an Weidefläche mit Werten von 0,2—0,3 ha pro RGV zeigt, der Wert des Abwassergrünlandes als wichtigster Bewässerungszweig erkannt und hieraus auch in größerem Umfange die betriebswirtschaftlichen Schlußfolgerungen gezogen.
Daß in den übrigen Gebieten das Grünland, genau wie in der allgemeinen Landwirtschaft, nicht entsprechend bewertet wird, läßt einmal die Disproportion von Wiesen- und Weideflächen (ca. 4:1) sowie andererseits die zum Teil noch mangelhafte Düngung und Pflege der Bestände erkennen. Trotz relativ zufriedenstellender Ertragsleistungen des Abwassergrünlandes dürfte daher der wirksamste Hebel für eine Produktionsverbesserung der Abwassergebiete in einer verbesserten Grünlandbewirtschaftung liegen. Eine wichtige Folgemaßnahme liegt bei den meisten Anlagen in der Erweiterung des Anteiles an Weiden durch Umwandlung von Wiesen, aber auch bedeutende Neuanlagen.

Besonderer Erwähnung bedarf vor allem im Hinblick auf die verstärkten Bemühungen um eine ganzjährige Abwasserabnahme die Erhaltung eines leistungsfähigen Pflanzenbestandes auf dem Dauergrünland. Während für Rieselfeldverhältnisse hierüber durch die Arbeiten von KÖNIG [96] und BRETTSCHNEIDER [24] sowie die praktischen Erfahrungen mit den vorwiegend Knaulgras-Weidelgras-Beständen Klarheit besteht, basieren die Kenntnisse über den Einfluß einer weiträumigen Abwasserverteilung auf die Zusammensetzung der Grünlandbestandsbildner lediglich auf den Arbeiten von FEHRENDT [38] und KLEMM

[81]. Es werden in dieser eine Reihe von Bestandsveränderungen unter thüringischen Verhältnissen bei Lehmboden angegeben, die insgesamt jedoch keine Verschlechterung der Futterqualität bei 270 mm Vegetationsbewässerung und 70 mm düngender Vorratsbewässerung zur Folge hatten.
Demgegenüber läßt die Praxis erkennen, daß die Verhältnisse nicht immer so günstig beurteilt werden können und neben dem Standort vor allem die Bewässerungsform und -menge sowie die Intensität von Pflege, Bewirtschaftung und Nutzung hierauf einen erheblichen Einfluß ausüben. So spricht z. B. WARMUTH [182] für eine Reihe von ähnlich gelagerten Fällen, wenn er bei Lehmboden im Leipziger Berieselungsgebiet feststellt, daß seine Weideflächen bei einer normalen Vegetationsbewässerung von ca. 300 mm und einer zusätzlichen düngenden Bewässerung in den Monaten November-Februar innerhalb von fünf Jahren erheblich im Ertrage nachließen und zur Einführung der Wechselweide Veranlassung gaben. Auf sehr leichtem Boden in Neustrelitz, der überhaupt erst mit Hilfe des Abwassers zu einer Grünlandnutzung gebracht werden kann, nahm der Artenreichtum der Neuansaat ebenfalls innerhalb weniger Jahre zugunsten des Knaulgrases erheblich ab. In beiden Fällen dürfte dies in erster Linie auf die düngenden Abwassergaben zurückzuführen sein, die auf dem Sandboden bis zu 250 mm betrugen. Darüber hinaus muß im letzteren Falle die beschleunigte Pflanzenbestandsänderung auf die erhöhte Wechselfeuchtigkeit während der Hauptvegetationsmonate zurückgeführt werden. Auch ein Vergleich zwischen den Bewässerungswiesen in Nordhausen, die in erster Linie der Abwasserabnahme dienen, mit den leistungsfähigen Beregnungsdauerweiden des VEG Sundhausen, bei denen vorwiegend nur während der Weidezeit bewässert wird, deutet darauf hin, daß die Hauptursache für die teilweise erhebliche Verschlechterung der Bestandszusammensetzung in der meist sorglos durchgeführten Herbst- und Winterbewässerung und der Nutzungsform liegt. Zu hohe Einzelgaben von 80–120 mm und eine Gesamtmenge über 120–240 mm je nach Bodenverhältnissen sollten auch hier vermieden werden. Der sonst neben gelegentlichen Nässe- und Frostschäden erheblichen Wasser- und Stickstoffzufuhr mit ihren Folgeerscheinungen kann zwar durch entsprechende Verstärkung der Phosphorsäure- und Kalidüngung sowie auch zumindest eine Mähweidenutzung entgegengewirkt werden, die vorhandenen Einflüsse werden jedoch nicht ausgeschaltet.
Entsprechende Versuche zur Klärung dieser Frage auf leichtem Boden wurden im Jahre 1956 in Neustrelitz eingeleitet. Ohne ihnen vorwegzugreifen, erscheint es auf Grund der örtlich gesammelten Erfahrungen zweckmäßig, das Dauergrünland im Herbst und Winter vorsichtig mit Abwasser zu belasten und größere Überschußmengen auf Bodenfilter, Waldland oder Grünlandausgleichsflächen als Wiesen mit kurzfristiger Nutzungsdauer aufzuleiten.
Gegenüber dem Grünland sind die Anbaueignung und der Ertragszuwachs bei den einzelnen Kulturpflanzenarten auf dem bewässerten Ackerland wesentlich stärker von den Bodenverhältnissen abhängig, so daß es notwendig ist, hierüber differenzierter zu berichten.
Lohnende Bewässerungserfolge in den Gebieten mit vorherrschend schweren Böden sind auf die sogenannten typischen Bewässerungspflanzen beschränkt, wenn

man von ausgesprochenen Trockenjahren wie z. B. 1947 absieht. Hierzu gehören vor allem die Futterhackfrüchte, verschiedene Feldgemüsearten und neben den Pflanzen des Sommerzwischenfruchtbaues bedingt noch Teile des Hauptfruchtfutter- und Zuckerrübenanbaues. Ausschlaggebend für die Ausnutzung der Vegetationsbewässerung zur zusätzlichen Wasserversorgung der Pflanzen in Zeiten höchsten Wasserverbrauches sowie einer auffüllenden Bewässerung nach vorangegangenem Winterzwischenfrucht- bzw. Hauptfruchtbau ist in wesentlich stärkerem Umfange als bei leichteren Böden die natürliche Niederschlagsversorgung und der Temperaturverlauf. Dies kommt u. a. besonders in den erheblich voneinander abweichenden Mehrerträgen zwischen den Anlagen auf schwerem Boden (Halberstadt gegenüber Nossen und Arnstadt) zum Ausdruck, wobei von DIETZE [34] die ungünstigen Werte in Arnstadt auf die hier gegenüber den übrigen Gebieten niedrigeren Temperaturen zurückgeführt werden. Die Wirkung des im Abwasser vorwiegend enthaltenen Stickstoffes wird im Interesse einer mineralischen Düngereinsparung (Wegfall der Kopfdüngung) von den Bauern recht günstig eingeschätzt, eine düngende Vorratsbewässerung muß jedoch infolge der negativen Beeinflussung der Bodenstruktur weitgehend unterbleiben.
Pflanzenbaulich bemerkenswert sind die relativ günstigen Erfahrungen mit der Bewässerung von Luzerne und Klee, sofern die Nutzung nicht zu lange ausgedehnt wird. Im übrigen gehören hier noch die Futterrüben, Teile der Zuckerrübenfläche und – besonders in Arnstadt ausgeprägt – einige Feldgemüsearten zu den bevorzugten Bewässerungspflanzen. Kartoffeln und Getreide, die aus Fruchtfolgerücksichten in mehr oder weniger starkem Anteil auf den bewässerungsfähigen Flächen angebaut werden, lohnen den Bewässerungsaufwand meist nicht. Sie erhalten, wie auch WARMUTH [182] berichtet, zweckmäßig lediglich in „Dürrejahren“ eine einmalige Abwassergabe, was zur Folge hat, daß die tatsächliche Bewässerungsfläche und damit die Abwasserabnahme von Jahr zu Jahr erheblich schwankt. Die großen Unterbringungsschwierigkeiten selbst während der Vegetationszeit werden hierdurch erneut unterstrichen. Weit stärker als bei den leichteren Bodenarten machen sich auch Ernteverzögerungen und Reifeungleichmäßigkeiten durch die Abwasserzufuhr störend bemerkbar.
Durchschnittlich werden bei einem meist extensiven Bewässerungsbetrieb, dem in erster Linie die Aufgabe der Erntesicherung zukommt, etwa folgende Mehrerträge pro ha erzielt:

Luzerne, Klee, Kleegras	= 15– 40 dz Heu
Kohlarten	= 80–120 dz
Futterrüben	= 70–140 dz
Zuckerrüben	= 40– 80 dz
Kartoffeln	= 15– 20 dz
Getreide	= 1– 3 dz

Günstiger auf die Bewässerung reagierende Sorten als die unter den jeweiligen Verhältnissen üblichen wurden in der Praxis nicht angetroffen. Pflanzenbauliche Verbesserungsmöglichkeiten liegen daher neben der Intensivierung der Grünlandwirtschaft vor allem in einer erheblichen Erweiterung des Zwischen- und Zweitfruchtbaues, die abgesehen von Halberstadt, nicht genügend erschlossen sind. Auch eine Ausdehnung des Feldgemüsebaues könnte empfohlen werden, sofern sich dies mit den hygienischen Richtlinien durch entsprechende Sonderregelungen (s. S. 000) in Einklang bringen läßt. Die Möglichkeiten sind relativ begrenzt, und es muß im Hinblick auf zukünftige Planungen nochmals hervorgehoben werden, daß ein wirtschaftlich lohnender Verwertungsbetrieb in Gebieten mit schweren Böden nur in ausgesprochenen Trockengebieten bzw. bei einer weitgehenden Erschließung von Grünlandflächen zu erreichen ist.

Im Gegensatz hierzu wird in Gebieten mit vorherrschend mittleren und leichten Böden die Bewässerung nicht nur von einer größeren Anzahl von Kulturpflanzen, sondern auch mehrertragsmäßig wesentlich günstiger ausgenutzt. Ein gesicherter Erfolg ist fast in allen Jahren gegeben. Ferner bieten die vielseitigeren Einsatzmöglichkeiten einen Mehrertragsausgleich. Die in diesem Zusammenhang interessante Versuchserfahrung, nach der auf leichtem Boden durch die zusätzliche Wasserversorgung der Pflanzen auch in feuchteren Jahren befriedigende und bei einer annähernd normalen Niederschlagsversorgung sogar bessere Ergebnisse als bei starker Trockenheit erzielt werden können, wurde mehrfach bestätigt. Sie erklärt sich aus den bei Sandboden recht erheblichen Ansprüchen an die Bewässerungsintensität, die in längeren Trockenzeiten bei den bisherigen Voraussetzungen häufig noch nicht erfüllt werden. Die günstige Wirkung des Abwasserstickstoffes ist bei den leichten Böden doch recht ausgeprägt, sie geht auch aus der Zunahme der düngenden Vorratsbewässerung hervor. Infolge der hohen Auswaschung ist die Ausnutzung der Nährstoffe, wie bereits GUSOVIUS [52] feststellte, zwar geringer als bei sorptionsfähigerem Bodenmaterial, eine entsprechende Zufuhr, besonders auch während der Vegetationszeit, stellt jedoch gerade deswegen eine wertvolle Ergänzung des ebenfalls stark der Auswaschung unterliegenden mineralischen Stickstoffes dar.

Besonders auffallend ist die leistungsmäßige Überlegenheit der Gebiete mit einem intensiven Bewässerungsbetrieb. Die Spitzenleistungen, die in Delitzsch-Schenkenberg bei vorwiegendem Sandboden erzielt werden, sowie auch die günstigen Roherträge in Görlitz, die auf dem Ackerlande ebenfalls noch über denen von Rudolstadt und Nordhausen liegen, lassen erkennen, daß durch eine entsprechend intensive Bewässerung Standortsunterschiede innerhalb gewisser Grenzen ausgeglichen werden können. Andererseits zeigen die bei reinem Sandboden wesentlich geringeren Absoluterträge in Neustrelitz einschließlich der hier mit einer Sonderregenanlage gewonnenen Versuchsergebnisse, daß dieser Ausgleichsbereich in Abhängigkeit von der Bewässerungsintensität nicht überschätzt werden darf.

Abgesehen von den Anlagen Delitzsch-Schenkenberg und Görlitz weisen daher die Gebiete mit etwas bindigeren Böden noch günstigere Mehrerträge sowie trotz des geringeren Beteiligungsverhältnisses eine größere Vielgestaltigkeit des Anbaues auf den Bewässerungsflächen auf. Die Begründung hierfür liegt, wie bereits in 3,1 dargelegt wurde, in den besseren natürlichen Wuchsbedingungen sowie den günstigeren betriebswirtschaftlichen Ausgangsverhältnissen.

Eine größere Anzahl von Betrieben der Gebiete Nordhausen, Leipzig-Delitzsch, Leipzig-Nord und Erfurt haben von der Möglichkeit, anspruchsvollere Kulturen in den Anbau einzubeziehen, bzw. ihren Anteil zu verstärken, Gebrauch gemacht. Insbesondere trifft dies für den Winterraps, der besonders von den Bauern in Nordhausen als außerordentlich bewässerungsdankbar bezeichnet wird, zu. Aber auch der Anbau von Zuckerrüben, verschiedenen Kohlarten sowie Porree und Sellerie, einer Reihe von Feldfutterpflanzen im Haupt- und Zwischenfruchtbau, auch mehrjährigen Leguminosen, wurde mit Erfolg aufgenommen bzw. intensiviert. Zu dem Grünland und den Futterrüben, die auf Grund ihrer ausgezeichneten Abwasserausnutzung und der betriebswirtschaftlichen Bedeutung einer gesicherten Futtererzeugung auch hier als Standard-Bewässerungspflanzen gelten, sind somit im Vergleich zu den Anlagen auf schweren, aber auch auf sehr leichten Böden eine erhebliche Anzahl lohnender Bewässerungspflanzen getreten.

Eine ausgesprochene Spezialisierung, wie im Falle Delitzsch-Schenkenberg, ist relativ selten. Sie beschränkte sich auf wenige Einzelbetriebe, die dann meist jedoch über eine eigene Regenanlage verfügten. Bemerkenswert ist ferner der geringe Anbau von Kartoffeln auf den Bewässerungsflächen, der sogar hinter dem aus Fruchtfolgerücksichten z. T. erforderlichen Getreidebau erheblich zurücksteht. Vorzüge bestimmter Sorten gegenüber den ortsüblichen, auf deren Vorhandensein und wirtschaftliche Bedeutung FRECKMANN [41] besonders hinwies, konnten ebenfalls nicht festgestellt werden. Inwieweit dies durch die bisher angespannte Saatgutversorgung bedingt ist, mag allerdings dahingestellt bleiben.

Verbesserungsmöglichkeiten im Pflanzenbau liegen hauptsächlich in der noch unzureichenden Ausnutzung der Reserven im Zweit- und Zwischenfruchtbau. Auch auf eine Einschränkung des Getreidebaues auf den Bewässerungsflächen muß in Abhängigkeit von dem Erschließungs- und Beteiligungsverhältnis durch Einrichtung getrennter Fruchtfolgen noch stärker hingearbeitet werden.

Auf den reinen Sandbodenanlagen bestimmen die Winterroggen-, Hafer- und vor allem Kartoffelflächen das Bild auf dem durchschnittlich über 60% der Gesamtfläche ausmachenden Bewässerungslande. Die Kartoffel kann hier als ausgesprochen bewässerungsdankbare, wenn auch jährlich in den Mehrerträgen ziemlich stark schwankende Fruchtart angesehen werden. Demgegenüber enttäuscht der Winterroggen trotz eines deutlich sichtbaren besseren Standes meist im Körnermehrertrag, was allerdings durch eine ausreichende Phosphorsäure- und Kalidüngung etwas ausgeglichen werden kann. Eigene Versuchserfahrungen [163] sowie auch Angaben aus der Praxis lassen erkennen, daß hierdurch ebenfalls die für den nachfolgenden Zwischenfruchtbau recht unerwünschte Reifeverzögerung, die auch auf leichten Böden in feuchten Jahren vorhanden ist, erheblich verkürzt werden kann. Wenn auch der Anbau dieser drei Hauptfrüchte zunächst meist noch im Vordergrunde steht, so ergeben isch doch eine Reihe von Möglichkeiten, den Anbau etwas vielfältiger zu gestalten. Gute Ansätze sind hierfür in Neustrelitz durch den Anbau besonders einer Reihe von Nichtleguminosen im Haupt- und Zwischenfruchtfutterbau, die verstärkte Einführung des Winterzwischenfruchtbaues mit anschließender Kartoffel- und Rübennutzung gemacht worden.

Feststeht, daß gerade hier noch erhebliche Leistungsreserven erschlossen werden können, sofern es gelingt, mit Hilfe des Abwassers und einer entsprechend pfleglichen Bodenbewirtschaftung den Fruchtbarkeitszustand zu verbessern. Nur dann ist es möglich, auf Böden innerhalb der Wertzahlen 15–25 wesentlich anspruchsvollere Kulturen bei einem wirtschaftlich tragbaren Bewässerungseinsatz mit sicherem Erfolg anzubauen. Im Hinblick auf die bereits ausführlich behandelte Frage des Beteiligungsverhältnisses muß nochmals betont werden, daß 60–70% auch unter derartigen Bedingungen nicht überschritten werden sollten, da die Erfordernisse für die Intensivierung des gesamten Feldbaues, die PAASCH [129] unter derartigen Bedingungen für das ausschlaggebende Moment und anzustrebende Ziel hält, meist unterschätzt werden.

Einen zusammenfassenden Überblick über die im Durchschnitt in der Praxis ermittelten Mehrertragsleistungen der bevorzugt angebauten Feldfrüchte vermitteln die nachfolgenden Angaben:

a) bei stark lehmigen Sand-sandigem Lehm

Futterrüben	120–300 dz
Zuckerrüben	75–150 dz
Feldfutterpflanzen	25– 50 %
Winterraps	5– 10 dz
Kartoffeln	25– 60 dz
versch. Gemüsearten	25– 50 %.

b) vorwiegend Sandboden

Futterüben	100–250 dz
Feldfutterpflanzen	30– 60%
Kartoffeln	50–100 dz
Hafer	6– 10 dz
Winterroggen	4– 6 dz

Auf Werte mit weit höheren Leistungen in Einzelbetrieben, wie sie u. a. von WEBER [183] für Delitzsch-Schenkenberg angegeben wurden, soll hier bewußt verzichtet werden, um Verallgemeinerungen vorzubeugen. Daß in jedem Falle die Ertragsleistung von der Gunst der übrigen Wachstumsfaktoren abhängt, und es allein mit der Abwasserzufuhr nicht getan ist, wird von einer großen Anzahl der Landwirte, ohne die sich hierfür bei einem hohen Beteiligungsverhältnis ergebenden Schwierigkeiten zu verkennen, nicht genügend berücksichtigt. Einsparungen an mineralischem Dünger, die lediglich an Stickstoff bei einigen Pflanzenarten vertretbar sind, sowie auch die Vernachlässigung der Zufuhr von organischem Material zugunsten der unbewässerten Flächen lassen die ungenügende Unterrichtung über die „Nachhaltigkeit" der Abwasserwirkung erkennen. Sie wird, gefördert durch die propagandistische Auslegung des sogenannten Humus- und Düngerwertes, weitgehend überschätzt, was nicht nur den bisherigen Versuchserfahrungen widerspricht, sondern bereits zu einer gewissen Nährstoffverarmung vor allem an Kali und Kalk sowie gegenüber den Rieselfeldern auch an Phosphorsäure in einigen von NEWRZELLA [121] näher untersuchten Gebieten geführt hat. Wenn besonders in Görlitz und einigen weiteren Gebieten auf leichtem Boden von einer günstigen Auswirkung des Abwassers auf die Bodenfruchtbarkeit gesprochen wird, so ist diese weit weniger als direkte Folge der Abwasserzufuhr, sondern als indirekte Verbesserung über den in ordnungsgemäß geleiteten Betrieben zwangsläufig höheren Aufwand an Bodenbewirtschaftungs- und -pflegemaßnahmen anzusehen. Die Überlegenheit intensiv wirtschaftender Betriebe dürfte auch unter diesem Gesichtspunkt außer Zweifel stehen. Sie ist über die Standortsfrage hinaus für die erheblichen Unterschiede in der

Abwassernutzung und Ertragsgestaltung zwischen den einzelnen Gebieten und landwirtschaftlichen Betrieben in bedeutendem Maße verantwortlich.

3,42 Anpassungsstand und -möglichkeiten der landwirtschaftlichen Betriebe an die Bewässerungsverhältnisse

Durch die betriebswirtschaftlichen Arbeiten von ZÖRNER [198], MARTINY [107], SCHONNOPP [153], [155], [156] und WEBER [184] für allgemeine Bewässerung, die neueren Erfahrungen von KALWEIT [74] und ANGERER [2] in den sächsischen und niedersächsischen Verwertungsgebieten sowie besonders die Untersuchungen von EWERT [36], NEWRZELLA [124] und PAASCH [132], [133] über die Auswirkungen der Abwasserlandbehandlung sind die Möglichkeiten und Wege einer entsprechenden Anpassung der Betriebe an die mehr oder weniger veränderten Erzeugungsbedingungen in weitgehend übereinstimmender Form aufgezeigt. Die einzelnen Arbeiten unterscheiden sich im wesentlichen dadurch, daß die ersteren von der Bewässerung im Einzelbetrieb ausgehen, wo eine genaue Anpassung der technischen Anlagen an die bereits vorher festgelegten Bewässerungsaufgaben möglich ist im Gegensatz zu den genossenschaftlichen Großanlagen, bei denen dies erst nach Einführung der sozialistischen Wirtschaftsweise erreicht wird. Das Beteilungsverhältnis als ausschlaggebender Faktor hierfür entsprach im Einzelfall oft nicht dem betrieblich günstigsten Wert und auch die wirtschaftlichen Voraussetzungen in den zahlreichen Einzelbetrieben waren meist recht unterschiedlich, worauf GEITH [147] insbesondere hinweist.
Die Vorteile, die der Übergang zur genossenschaftlichen Bewirtschaftung mit sich bringt, treten daher hier besonders stark zu Tage. So zeigt beispielsweise die Perspektivplanung im Verwertungsgebiet von Neustrelitz, daß durch die Bildung einer Groß-LPG die bisherige Verwertungsfläche von 280 ha als Futterbaugebiet entwickelt wird, und aus dem bisher 90%igen Nutzflächenanteil am Bewässerungsland ein wesentlich günstigerer Bewässerungsanteil von 45% entsteht. Eine gesonderte Arbeit wird sich mit den diesbezüglichen Entwicklungsmöglichkeiten beschäftigen, wozu die nachfolgend aufgeführten Erfahrungen eine wichtige Arbeitsgrundlage darstellen.

In weitgehender Abhängigkeit von den jeweiligen natürlichen und landwirtschaftlichen Voraussetzungen, dem Beteiligungsverhältnis und der Bewässerungsintensität ist in der bisherigen Betriebsentwicklung der Abwassergebiete zwischen folgenden Organisationsformen zu unterscheiden:

1. Fast ausschließlicher Einsatz zur Verbesserung der Futtergrundlage und entsprechende Intensivierung der Viehhaltung.
2. Spezialisierung auf bestimmte Verkaufshackfrüchte bei meist gleichzeitig intensivierter Futterwirtschaft.
3. Allgemeine Entwicklung des Feldbaues mit mehr oder weniger ausgeprägten Anbauumstellungen zugunsten bewässerungsdankbarer Pflanzenarten.
4. Ausnutzung der durch die Bewässerung gegebenen Ertragsverbesserungen ohne Anbauumstellungen und nennenswerte Intensitätssteigerung.

Diese Einteilung basiert auf einem weniger spezialisierten Vorschlag von PAASCH [133]. Es ist zu ihr zu bemerken, daß Übergänge zwischen den einzelnen Formen häufig sind und innerhalb eines Gebietes infolge unterschiedlicher Voraussetzungen und vor allem der individuellen Einstellung des jeweiligen Landwirtes alle vier Formen aufgetreten sind. In der Regel beschränken sich die Typen I und II auf Anlagen mit einem Beteiligungsverhältnis unter 40–50%, während III vor allem in den intensiveren Wirtschaften mit einem höheren Bewässerungsanteil anzutreffen ist. Die vierte Rubrik soll demgegenüber für alle die Gebiete und Betriebe gelten, bei denen die zusätzliche Wasserversorgung nur zu unwesentlichen Veränderungen im Betriebsaufbau geführt hat, eine nennenswerte Anpassung also nicht erfolgt ist.

Nachfolgend wird dargelegt, welche Wege die Praxis in den Gebieten mit vorherrschend schwerem, mittlerem und leichten Boden eingeschlagen hat, welche Anpassungsmöglichkeiten und -notwendigkeiten bestehen und worauf die bisher ungenügende Betriebsanpassung in einer Reihe von Gebieten zurückzuführen ist.

3,421 Die Verwertungsgebiete mit vorherrschend schwerem Boden

Die Ausgangssituation ist hier in der Regel durch eine beträchtliche Betriebsintensität in der Ackerwirtschaft und mit Ausnahme von Halberstadt entsprechend der weniger günstigen Abwasserausnutzung der meisten Pflanzenarten durch ein geringes Beteiligungsverhältnis gekennzeichnet. Die Bewässerung hat bei den günstigen natürlichen Erzeugungsbedingungen die Aufgabe, die Erntesicherung zu übernehmen und besonders in den niederschlagsärmeren Gebieten das Gelingen des Zwischenfruchtbaues zu gewährleisten. Besondere Intensitätsansprüche an die Bewässerung werden nicht gestellt und eine Meliorationsbedürftigkeit im eigentlichen Sinne ist meist nicht vorhanden. Im Vordergrund sollte daher eine Konzentrierung des Anbaues der unter diesen Verhältnissen noch bewässerungsdankbaren Kulturen auf den Bewässerungsflächen stehen. Als zweckmäßige Organisationsform kommt die des Typ I und II in Frage, wobei allerdings das Ausmaß der Standortverbesserung im Gegensatz zu den leichteren Böden relativ gering ist.

Die Tabelle 21 zeigt ein Beispiel für eine günstige Betriebsanpassung unter derartigen Verhältnissen.

TABELLE 21

Anpassung der Feldbauorganisation auf schwerem Boden

Bodenwertzahl 70—80 — Beteiligungsverhältnis 25% (nach WARMUTH)

vor Einführung der Bewässerung		nach Einführung		davon jährl. bewässert
Hackfrüchte	18,8%	Hackfrüchte	24,4%	32%
Grünland	15,5%	Grünland	17,5%	50%
Feldfutterbau	5,5%	Feldfutterbau	2,3%	
Getreide	60,2%	Getreide	48,8%	
		Ölfrüchte	4,7%	
		Gemüse	2,3%	50%

Bei einer nur unwesentlichen Verschiebung der Futterfläche konnte hier der Viehbestand um 30% und die Milchleistung nach Einführung des Weideganges von 2500 auf 4400 l Stalldurchschnitt gesteigert werden. Neben einer Erhöhung des Zuckerrübenanteiles dientder Gemüseanbau der Vergrößerung der direkten Marktleistung. (Betriebstyp II). Ähnliche Beispiele lassen sich nur in geringer Zahl anführen, da in den sechs Gebieten lange Zeit wenig unternommen wurde, um das Abwasser möglichst zweckmäßig auszunutzen. SCHONNOPP [154] weist zwar mit Recht darauf hin, daß unter derartigen Verhältnissen sichtbare Umstellungen nicht immer erforderlich sind und das ertragssichernde Moment allein genügt. Andererseits ist bei einem geringen Bewässerungsanteil nicht einzusehen, warum Pflanzen bewässert werden sollen, die den Einsatz kaum lohnen.
Eine Erweiterung der Grünlandflächen fand bis vor kurzem lediglich in Grimma von 10 auf 17 ha sowie in Halberstadt durch Erhöhung des Bewässerungsgrünlandanteiles von ca. 60 auf 120 ha statt. Nennenswerte Änderungen des Anbauverhältnisses sind nur in Arnstadt durch Ausdehnung der Gemüsefläche sowie wiederum in Halberstadt durch eine gewisse Umstellung des Anbaues auf bewässerungsdankbare Pflanzen (60% Beteiligungsfläche = Betriebstyp III) zu verzeichnen. Auch die in den meisten Fällen wünschenswerte Intensivierung der tierischen Produktion ist in dem erforderlichen Umfange nicht erfolgt. Die Anlage Halberstadt bietet somit trotz des zu hohen Bewässerungsanteiles bei weitem das güntigste Bild, was einmal auf ihre Lage im Trockengebiet, entscheidend aber auf die intensive landwirtschaftliche Beratung von der Inbetriebnahme der Anlage an zurückzuführen ist.
Das bisherige Fehlen fast jeglicher Weideflächen im Zeitzer Gebiet bei einem Grünlandanteil von 80% an der Bewässerungsfläche, die größtenteils wenig intensiv genutzten Weiden und Wiesen in den übrigen Anlagen sowie vor allem auch die mangelhafte Ausnutzung der Zwischenfruchtbaumöglichkeiten lassen insgesamt gesehen eine recht mangelhafte Einschätzung und Ausnutzung des Betriebsmittels „Abwasser“ erkennen. In Verbindung mit dem ebenfalls häufig zu beobachtenden Getreideanbau auf den Bewässerungsflächen, der zumindest in den Gebieten mit einem Beteiligungsverhältnis von 30–35% auf ein Mindestmaß eingeschränkt werden kann, sind nicht nur die wenig befriedigenden Mehrertragsleistungen, sondern auch der Rückgang der jährlichen Bewässerungsfläche (Grimma, Arnstadt) erklärlich. Es herrscht der unter diesen Verhältnissen nicht vertretbare Betriebstyp IV vor, von dem es notwendig ist, trotz der weitgehend ackerbaulichen Ausrichtung der Betriebe über eine intensivierte Grünland- und Viehwirtschaft abzukommen. Wesentliche Fortschritte werden sich hier jedoch relativ schwer erzielen lassen,

3,422 Die Betriebsentwicklung in Gebieten mit leichten Böden

Die Ausgangsbasis liegt hier folgendermaßen: geringere Betriebsintensität, Vorherrschen der Dreifelderwirtschaft, Abhängigkeit der Rindviehhaltung von dem natürlichen Grünlandanteil, eine wenig sichere Futtergrundlage. Bei einem vorherrschenden Beteiligungsverhältnis zwischen 50 und 80% sind die Vorbedingungen

für eine Betriebsentwicklung nach den Organisationsformen II und besonders III gegeben. Die Bewässerung bildet in fast allen Fällen erst die entscheidende Voraussetzung für eine höhere Intensitätsstufe.
Über zwei erfolgreich beschrittene Wege gibt die Gebietsentwicklung in Delitzsch-Schenkenberg und Neustrelitz Auskunft.

TABELLE 22

Änderung der Feldbauorganisation bei leichtem Boden

Delitzsch-Schenkenberg (Zit. WEBER [30]) Ø Beteiligungsverhältnis 30%			Ø Neustrelitz Beteiligungsverhältnis 80 %		
	Anbau-% der LN			Anbau-% des AL[1])	
	vor der Berieselung	nach der Berieselung		vor der Beregnung	nach der Beregnung
Getreide	**53,4**	28,9	Winterung	49,9	39,0
Kartoffeln	**32,0**	13,2	Sommerung	21,4	**23,4**
Feldfutter	5,3	1,2	Kartoffeln	17,6	**23,3**
Futterrüben	4,2	6,7	Futterrüben	4,7	5,4
Gemüse	1,3	**19,5**	Feldfutter	4,7	5,3
Grünland	3,8	**27,5**	Gemüse	—	**2,6**
Sonstiges	—	3,0	Ölfrüchte	—	**1,0**
			Brache	1,7	—

[1]) Der Grünlandanteil beträgt annähernd 40%. Er wurde wegen des hohen Grundwasserstandes nicht in die Bewässerung einbezogen.

Beide Gebiete haben sich, wenn auch in recht verschiedenem Umfang, auf die Abwasserverhältnisse eingestellt. Im Falle Delitzsch-Schenkenberg wurde innerhalb von drei Jahren eine Radikalumstellung des Feldbaues (Gemüsebau-Grünland) mit einer kaum zu überbietenden Zielstrebigkeit bei intensivstem Bewässerungsbetrieb durchgeführt. Demgegenüber verläuft in Neustrelitz bei wesentlich ungünstigeren Standorts- und Wirtschaftsverhältnissen, einer sehr hohen Beteiligungsfläche und mangelhafter Dürresicherung die pflanzenbaulich-betriebswirtschaftliche Anpassung durch eine allmähliche Verschiebung der Feldbauorganisation zugunsten bewässerungsdankbarerer Pflanzenarten.
Leistungsdaten von 111 GVE pro 100 ha, einer Hauptfruchtfutterfläche von 29 ar mit Hilfe genossenschaftlicher Intensivweideflächen und eines Zwischenfruchtbaues von annähernd 30% in Verbindung mit dem intensiven Gemüsebau waren lange Zeit in diesem Ausmaß einmalig. Delitzsch-Schenkenberg entspricht dem Organisationstyp II in höchster Form, bei dem eine Rohertragssteigerung um das Dreifache erreicht wurde. Voraussetzung hierzu war allerdings ein entsprechender Arbeitskräftebesatz. was auch die von PAASCH [127] in einem Betrieb ermittelten Werte von 23,5 PS und 49,4 AK/100 ha erkennen lassen. In einem geschlossenen Gebiet wurde hier ein Intensitätsgrad erreicht, den kaum einer der von SCHONNOPP

[154] angeführten Beispielsbetriebe aufweist. Es stellt ein Musterbeispiel, welches die bestehenden Möglichkeiten veranschaulicht, ohne diese jedoch verallgemeinern zu können, dar. Die Feststellung, daß bei der Betriebsamkeit der dortigen Familienwirtschaften, die sich inzwischen zu einer sehr erfolgreichen LPG zusammengeschlossen haben, auch unter weniger günstigen Verhältnissen ähnliche Erfolge erzielt worden wären, dürfte ohne weiteres zutreffend sein, wobei besonders die Umsicht und Tüchtigkeit des Genossenschaftsvorstehers herausgestellt werden muß. Für die Weiterentwicklung ist daher auf die großen Möglichkeiten, die sich durch den bedeutenden Aufschwung in der Mechanisierung noch ergeben, an dieser Stelle besonders hinzuweisen.

Im Gegensatz hierzu sind sowohl die Gebiete Görlitz als auch Neustrelitz trotz erheblicher Intensitätsunterschiede dem Organisationstyp III zuzuordnen, bei dem entsprechend dem hohen Beteiligungsverhältnis kein Betriebszweig in dem Maße in den Vordergrund gestellt wird. Der Getreidebau nimmt zwar in beiden Gebieten einen erheblichen Teil der Bewässerungsfläche ein, doch ist das Bestreben nach einer allgemeinen Anbauintensivierung deutlich erkennbar. Sie wird, wie auch aus der obigen Tabelle hervorgeht, in Neustrelitz durch eine gewisse Vergrößerung der Futterhackfrucht- und Feldfutterfläche im Interesse einer Leistungssteigerung der Rindviehhaltung, sowie eine ganz beträchtliche Ausdehnung des Kartoffelanbaues erreicht. Die Erhöhung des Viehbesatzes in kurzer Zeit von 34,2 auf 59,0 RGV bzw. 56,2 auf 88,8 GVE/100 ha spiegelt dies deutlich wider. Die Einbeziehung von Winterraps und Gemüse als anspruchsvollere Kulturarten war hier in erster Linie auf anbauplanerische Maßnahmen zurückzuführen und entspricht nicht den Wünschen der Bauern. Man ist vielmehr daran interessiert, den Anteil der Sommerhalmfruchtgemengefläche auf Kosten des wenig bewässerungslohnenden Winterroggenbaues auszudehnen.

In Görlitz erfuhr der Feldbau bei etwas günstigeren Bodenverhältnissen und betriebswirtschaftlichen Ausgangsbedingungen eine erheblich höhere Intensitätssteigerung. Sie ist durch die Einbeziehung eines Winterrapsanteils von über 3%, einer Zuckerrübenfläche von 5,4% und in einer Reihe von Betrieben auch eines begrenzten Feldgemüsebaues gekennzeichnet. Besonders ausgeprägt ist der Anteil des Ackerfutterbaues mit annähernd 15%, durch den die von KALWEIT [74] angegebene Erhöhung des Rindviehbestandes in der Gemeinde Zodel von 410 auf 789 Stück und eine Steigerung der Milchleistung von 2000 auf annähernd 4000 kg/Kuh möglich wurde. Die Mehrzahl der Betriebe verfügte bereits vor einigen Jahren über einen Viehbestand von 90 GVE/100 ha, der von einer Hauptfruchtfutterfläche von 0,35 ha/RGV mit Hilfe des um ca. 15% verstärkten Zwischenfruchtbaues ernährt wird. Wenngleich hierdurch auch die Erzeugungsmöglichkeiten noch längst nicht voll ausgenutzt sind, so zeigen doch die seiner Zeit erfaßten Unterschiede in dem Hauptfruchtfutterflächenbedarf zwischen 0,35 für Görlitz und 0,57 ha/je RGV für Neustrelitz bei nur 6% Zwischenfruchtanteil die großen Leistungsreserven dieses Anbauzweiges an.

Beide Gebiete waren bisher in der Weiterentwicklung ihrer Rindviehhaltung durch einen ungenügenden Anteil an leistungsfähigem Abwassergrünland insbesondere

Weideflächen, gehemmt, was durch die inzwischen geschaffenen Möglichkeiten der Spezialisierung in Kürze beseitigt werden kann. Trotz der günstigen Ertragsverbesserung bei fast allen Anbaufrüchten nimmt das Grünland auch auf den leichten Böden eine Sonderstellung ein, wie die Betriebsanalysen von PAASCH [127], EWERT [36], [37] und NEWRZELLA [124] deutlich erkennen lassen. Nicht nur seine hervorragende Abwasserausnutzung und die Einflußnahme einer leistungsstarken Viehhaltung auf den Wirtschaftserfolg, sondern auch die indirekten Auswirkungen auf die Fruchtbarkeitserhöhung des leichten Ackerbodens sprechen hierfür. Ähnliche Entwicklungstendenzen sind unter besonderer Ausdehnung der Weidewirtschaft auch in Stalinstadt und Jüterbog als Neuanlagen zu erkennen. In anderen Sandbodengebieten erfolgte jedoch bisher noch der Abwassereinsatz bei fast unveränderter Wirtschaftsweise und man begnügte sich entsprechend dem Betriebstyp IV mit den je nach der Fruchtart recht unterschiedlichen Bewässerungsmehrerträgen. In Anbetracht des zusätzlichen Wasserbedarfes aller Kulturen auf leichtem Boden wird das Abwasser zwar auch bei einem derartigen Vorgehen einigermaßen ausgenutzt, das produktionsmäßig mögliche Ausmaß an Ertragssteigerungen wird jedoch in keiner Weise erreicht. Bestimmte Folgemaßnahmen, zu denen die Anlage zusätzlicher Grünlandflächen, die Umwandlung von Wiesen in Intensivweiden vorrangig gehören, und eine am Beispiel der Gebiete Görlitz und Neustrelitz geschilderte allmähliche Intensivierung der Feldbauorganisation auf dem Ackerlande sind auch hier unumgänglich, um den Meliorationserfolg sicherzustellen. Die in Zukunft kaum vermeidbare Erhöhung der Beitragsleistungen, von der auch die Gebiete mit einem höheren Beteiligungsverhältnis nicht verschont bleiben werden, unterstreicht dieses nachdrücklich.

Die hierdurch erreichbaren volkswirtschaftlichen und betrieblichen Vorteile kennzeichnet die nachfolgende Zusammenstellung, in der die Naturalleistung in dz/GW pro 10 ha bei vollständiger Lage der Flächen im Bewässerungsgebiet vor und nach der entsprechend der Tab. 22 (Neustrelitz) vorgenommenen Betriebsanpassung berechnet wurden.

TABELLE 23

Naturalleistungen in dz Getreidewert bei:

Anbauverhältnis I		Anbauverhältnis II	
mit Bewässerung	ohne Bewässerung	mit Bewässerung	ohne Bewässerung
110,9	239,0	123,0	280,7

3,423 Die Gebiete mit mittleren Bodenverhältnissen

Bei einem Beteiligungsverhältnis von durchschnittlich 40%, was lediglich in Leipzig-Delitzsch wesentlich unterschritten wird, kann sich die Bewässerung in weit stärkerem Maße als bei den eben beschriebenen Gebieten auf die bewässerungsdankbaren Pflanzenarten konzentrieren. Gegenüber den Anlagen mit vorherrschend schwerem Boden ist ihre Zahl jedoch erheblich größer. Günstig sind vor allem die bereits vorhandene Betriebsintensität und der harmonische auf einer günstigen, aber noch erheblich zu verbessernden Produktionsgrundlage, die eine gute Voraussetzung für den Betriebstyp I und II darstellt. Eine mittlere Bewässerungsintensität reicht aus, um den erforderlichen Dürreschutz zu gewährleisten.

Sechs von den zehn in Betracht kommenden Betrieben wurden bereits in anderem Zusammenhang als recht erfolgreiche Anlagen hervorgehoben. Lediglich Oschatz und Stolberg befriedigen nicht, was auf eine weitgehende Fehlplanung bzw. die mangelnde Betreuung zurückzuführen ist. Mit Ausnahme von Erfurt fällt der günstige Grünlandanteil auf, mit dem auch hier die wesentlichste Grundlage für eine gute Abwasserausnutzung gegeben ist. Er wurde in recht erheblichem Umfang erst durch eine Änderung des Kulturartenverhältnisses nach Einführung der Bewässerung erreicht und kennzeichnet den Stand der Betriebsanpassung. So ist z. B. der beregnete Teil des Nordhausener Verwertungsgebietes zunächst nur ackerbaulich genutzt worden. Bald nach Einführung der Bewässerung wurden jedoch 32 ha Weiden und 5 ha Wiesen angelegt, die wegen ihrer hohen Leistungsfähigkeit (5 RGV/ha innerhalb der Weidezeit von 180–220 Tagen) später zu dem repräsentativsten Demonstrationsobjekt für die Abwasserverwertung in Mitteldeutschland geworden sind. Ähnliches trifft für die bereits recht grünlandstarken Gebiete Radeberg und Pritzwalk mit einer Ausdehnung der Weidefläche um weitere 8–10%, sowie die vormals stärker ackerbaulich ausgerichteten beiden Leipziger Anlagen mit einer Zunahme um 10–15% zu. Im Erfurter Gebiet hat sich der Grünlandanteil durch frühere Anlage von Genossenschafts- und Privatweiden nur um 40 ha von 3 auf 7% erhöht; die Weiterentwicklung wurde jedoch hier wie auch andernorts durch die anbauplanmäßigen Schwierigkeiten bis vor kurzem gehemmt. Mit besonderem Erfolg hat sich die Landwirtschaft im Rudolstädter Gebiet bei einem natürlichen Grünlandanteil von über 30% der LN durch eine durchgreifende Umwandlung von Wiesen in Weideland den Abwasserverhältnissen angepaßt. Von 124 ha Grünland entfallen hier bereits seit längerer Zeit 69 ha auf Wiesen und 55 ha auf Weiden, die als zwei zusammenhängende Komplexe von 18 bzw. 34 ha gemeinschaftlich genutzt werden.

Die erhebliche Steigerung des Viehbesatzes in fast allen Gebieten machte es erforderlich, sich auch auf den Ackerflächen stärker auf die Belange der Futterversorgung einzustellen. Es trifft dies besonders für den Futterhackfruchtbau sowie eine Intensivierung des Zweit- und Zwischenfruchtbaues zu, deren Fläche z. T. erheblich vergrößert wurde. Mit einem durchschnittlichen Anteil von 20% Zwischenfruchtfläche im Verwertungsgebiet (Stand: 1956) hat besonders in Rudolstadt eine erhebliche Intensivierung stattgefunden. Sie ist aber auch in den Leipziger Gebieten sowie in Nordhausen mit annähernd 15% noch relativ günstig zu beurteilen*. Mit Ausnahme von Erfurt, wo sich bei vorwiegend ackerbaulicher Nutzung der Viehbestand nur geringfügig verändert hat und wo auch der Zwischenfruchtbau sich mit 5% noch nicht stärker durchsetzen konnte, hat sich daher ein großer Teil der Wirt-

* Seit der Erhebung sind gerade in dieser Hinsicht weitere nennenswerte Fortschritte in alllen Anlagen zu verzeichnen.

schaften in den genannten Gebieten zum Betriebstyp I entwickelt. Die Veredlungswirtschaft in Form einer betonten Rindviehhaltung, meist aber auch nicht unerheblich erweiterten Schweinehaltung, steht im Vordergrund, was durch die Anbauverteilung in Teilen des Leipzig-Delitzscher Verwertungsgebietes nachfolgend belegt wird.

TABELLE 24

Anbauverteilung auf den Bewässerungsflächen in Leipzig-Delitzsch

Anbaufrucht	Flächenanteil in ha	Anbaufrucht	Flächenanteil in ha
Wiesen und Weiden	391	Kartoffeln	53
Luzerne und Klee	37	Gemüse	42
Futter-Zuckerrüben	309	Raps	8
Zwischen- und Zweitfrüchte	150	Getreide	11

Darüber hinaus ist besonders in den stärker an der Bewässerung beteiligten Gebieten bzw. Gebietsteilen aus Fruchtfolgerücksichten aber auch bei geringerem Bewässerungsanteil die Tendenz zu erkennen, sich in den übrigen Feldbauzweigen an die Bewässerung anzupassen. Die Verstärkung bzw. Aufnahme des Zuckerrüben-, Gemüse- und Rapsanbaues in Nordhausen, ein verstärkter Anbau von Konservengemüse Rudolstadt, der in einigen Betrieben über 10% ausmacht, sind hierfür typisch und im Interesse der Abwasserausnutzung zu begrüßen. Auch die Heranziehung des Zweit- und Zwischenfruchtbaues zur Erhöhung der Marktleistung läßt echte Ansätze für die Organisationsform II bzw. bei höherem Beteiligungsverhältnis Typ III erkennen.

Die folgende Tabelle, die eine grobe Übersicht über die Organisation des Feldbaues in vier geschlossenen Gebieten gibt, zeigt ebenfalls die recht beachtlichen Fortschritte in der Anpassung der Feldbauorganisation.

TABELLE 25

Anpassung der Feldbauorganisation an die Abwasserverhältnisse

	Radeberg		Leipzig Nord		Rudolstadt		Erfurt	
	vor	nach	vor	nach	vor	nach	vor	nach
Hackfrüchte, Feldfutter Gemüse	28	29	32	28	30,0	**37,5**	44,0	**56,0**
Getreide, Ölfrüchte	**40**	32	**63**	57	**45,0**	37,5	**53,0**	37,0
Wiesen und Weiden	32	**39**	5	**15**	25,0	25,0	3,0	7,0

Wie DIETZE [33] besonders für das Erfurter Gebiet betont, sind zwar auch hier noch erhebliche Verbesserungen möglich und notwendig, aber eine günstige Entwicklungstendenz, die es in Einzelheiten noch weiter fortzusetzen gilt, ist zumindest vorhanden. Die Anlage weiterer Weideflächen, eine zielbewußte Ausnutzung der

Erzeugungsmöglichkeiten im Zweit- und Zwischenfruchtbau entsprechend dem Rudolstädter Beispiel sowie den Versuchserfahrungen von BROUWER [29] und SCHONNOPP [157] und bei den Gebietsteilen mit einem höheren Beteiligungsverhältnis eine allmähliche Anpassung der übrigen Anbauzweige entsprechend dem Betriebstyp III (hier besonders Erfurt) kommen in erster Linie in Betracht.

Zusammenfassend muß festgestellt werden, daß das Abwasser nur bei einem Drittel der Anlagen bisher folgerichtig verwertet wurde und in den meisten Gebieten der Betriebstyp IV vorherrschte. Lediglich in den Anlagen auf mittlerem Boden ist er relativ gering vertreten, was in erheblichem Maße auf die günstige Eignung des Standortes, ein meist recht zweckmäßiges Beteiligungsverhältnis sowie die betriebswirtschaftlich günstigeren Ausgangsbedingungen zurückzuführen ist. Andererseits zeigen besonders einige Anlagen auf leichtem Boden, an der Spitze Delitzsch-Schenkenberg sowie Görlitz und Neustrelitz, aber auch vereinzelte Wirtschaften unter schweren Bodenverhältnissen recht günstige Erfolge, sofern die Bedeutung einer entsprechenden Betriebsanpassung erkannt ist. Unabhängig davon, ob dies im Einzelfall – weitgehend abhängig vom Beteiligungsverhältnis – nach dem Typ I, II oder III erfolgt ist, steht hierbei die Verlagerung auf eine intensive Futterwirtschaft und ihre Ausnutzung durch eine leistungsstarke Viehhaltung im Vordergrund. Die Intensivierung weiterer Betriebsteile rangiert erst an zweiter Stelle und ist als eine wertvolle Ergänzung anzusehen.
Für das Zurückbleiben der anderen Gebiete ist trotz unterschiedlicher, natürlicher und technischer Voraussetzungen das lange Fehlen einer landwirtschaftlichen Beratungstätigkeit im Endeffekt als entscheidend anzusehen. Läßt sich doch feststellen, daß in den leistungsstärkeren Gebieten wenigstens eine gewisse Betreuung während des Krieges und auch weitgehend nach dem Zusammenbruch durchgeführt werden konnte. Die größeren Anlagen waren hierbei die lohnenderen Objekte, was sich besonders nachteilig für die vorwiegend kleineren sächsischen Anlagen ausgewirkt hat. Recht ungünstig und hemmend muß ferner die straffe Anbauplanung in der vergangenen Zeit, bei der die örtlichen Verhältnisse und die betrieblichen Besonderheiten nicht genügend berücksichtigt werden konnten, angesehen werden. Sie verhinderte nicht nur entsprechende Umstellungen der Feldwirtschaft – besonders im Hinblick auf die Neuanlage von Gründlandflächen – und machte damit eine Beratungstätigkeit so gut wie illusorisch, sondern hatte teilweise auch eine Rückentwicklung je nach der Beauflagung des Kreises bzw. der Gemeinde zur Folge.

Der jetzigen Spezialberatung obliegt daher noch eine recht bedeutende Aufgabe. Sowohl bei der Weiterentwicklung der vorhandenen Gebiete sowie Neuanlagen gilt es nunmehr unter Berücksichtigung der jeweiligen natürlichen Gegebenheiten und der großen Vorteile der sozialistischen Wirtschaftsweise auf die zweckmäßige Anpassungsform zuzusteuern, wozu die bisherigen günstigen Erfahrungen in den obengenannten Gebieten als Unterlage dienen können.

3,5 Erfüllungsstand der hygienischen Anforderungen sowie der Abwasserreinigung

Wenngleich die hervorragende Reinigungskraft des Bodens sowohl von IMHOFF [69] als namhaftestem Vertreter der Klärtechnik sowie HARMSEN [56] von seiten der Hygiene anerkannt wird, so werden doch eine Reihe von Bedenken gegen die weiträumige Abwasserlandbehandlung (insbesondere die Beregnung) erhoben. Die Klärtechniker sprechen ihr weitgehend die Möglichkeit einer ganzjährigen Abwasserunterbringung [67], [45], deren Notwendigkeit in jedem Falle dahingestellt sein mag [74] ab, während von der Hygiene immer wieder die Gefahr von Krankheitsübertragungen warnend ins Feld geführt und die Einhaltung einer Reihe von Vorsichtsmaßregeln gefordert wird. Einer Untersuchung, die den derzeitigen Erfüllungsstand in den bestehenden Anlagen kennzeichnet und die Ursachen für vorhandene Mängel feststellt, dürfte somit ebenfalls eine erhöhte Bedeutung zukommen.

3,51 Die ganzjährige Abwasserabnahme, ihr derzeitiger Stand und ihre Verbesserungsmöglichkeiten

Im Durchschnitt werden von den 28 weiträumigen Anlagen 64% des jährlichen Abwasseranfalles verwertet. Der größte Teil der übrigen 36% fließt nach vorheriger mechanischer Klärung in den Vorfluter ab. Auf Bodenfiltern werden nach überschläglichen Ermittlungen hiervon noch zirka ein Viertel gereinigt. Bei kritischer Betrachtung ergibt sich also ein keineswegs zufriedenstellendes Bild, das die Ansicht, die weiträumige Landbehandlung könne die Reinigungsaufgabe nur unvollkommen lösen, zweifellos bekräftigen könnte. Dies ist jedoch nur insofern richtig, als zur Durchführung des ganzjährigen Verwertungsbetriebes bestimmte Voraussetzungen gegeben sein müssen, die teilweise bei der Projektierung und Bauausführung nicht berücksichtigt bzw. als Folge der Kriegs- und Nachkriegsereignisse noch nicht wieder geschaffen wurden. Daß die Landbehandlung durchaus die auch in dieser Hinsicht an sie gestellten Forderungen erfüllen kann, und welche Ursachen die unterschiedlichen Abnahmeverhältnisse bedingen, soll nachfolgend an Hand einiger Vergleiche dargestellt werden.
Entsprechend den in der Anhangtabelle XII enthaltenen Einzelangaben sind die Anlagen Delitzsch-Schenkenberg, Nordhausen, Pritzwalk, Rudolstadt und Neustrelitz mit einer annähernd 100%igen Abwasserabnahme als vorbildlich zu bezeichnen. Demgegenüber weisen die Gebiete Forst, Arnstadt, Arnsdorf, Oschatz, Nossen, Erfurt und Leipzig-Delitzsch die ungünstigsten Verhältnisse auf. Hierbei ist bemerkenswert, daß die in der ersten Gruppe genannten Anlagen auch in diesem Punkt weitgehend mit den in landwirtschaftlicher Hinsicht an der Spitze liegenden Gebieten übereinstimmen. Es kann gefolgert werden, daß sich die beiden Aufgabenstellungen praktisch durchaus kombinieren lassen, wenn die entsprechenden Voraussetzungen gegeben sind. Näheren Aufschluß hierüber vermittelt die nachfolgende Tabelle, in der für einige typische Anlagen die Höhe der Abwasserbelastung (Verwertungssoll), der Boden und das Acker- und Grünlandverhältnis, die Form der Ab-

wasserverteilung sowie die Bodenfilterfläche als wichtigste Kennzeichen angegeben werden.

TABELLE 26

Betriebsdaten einiger Anlagen mit sehr unterschiedlicher Abwasserabnahme

Anlage	derzeit. Verwertungssoll mm/ha	Boden	Acker — Grünland	Bewässerungsverfahren	Betriebszeit (außer Sonn- u. Feiertag)	Bodenfilter ha	Abflußanteil %
Delitzsch-Schenkenberg	750	l. S.	1,5:1	Berieselung	ganzjährig	Fischteiche	0
Neustrelitz	347	S.	11,5:1	Beregnung	ganzjährig	—	8
Rudolstadt	540	s. L.	1:3,5	Beregnung Berieselung	ganzjährig	—	10
Zeitz	620	L.	1:5	Beregnung	300 Tage	Bodenfilter	18
Nossen	120	Löß	6:1	Beregnung	280 Tage	—	50
Erfurt	1080	l. S. bis s. L.	15:1	Beregnung	300 Tage	3 Filterbecken	77
Arnstadt	936	T.	44:1	Beregnung	Vegetationszeit	Filterbecken	74

Die Höhe der Abwasserbelastung (gemeint ist hier die Abwassermenge, die bei voller Abnahme auf die Flächen geleitet werden müßte), läßt hiernach in den Gebieten Erfurt, Arnstadt und bedingt auch Zeitz eine befriedigende Lösung der Reinigungsaufgabe überhaupt nicht zu. Sie ist weder in der Vegetationszeit (Erfurt nur 50%) und noch viel weniger in den übrigen Monaten möglich. Projektierungsfehler bzw. ein starker Anstieg des Abwasseranfalles durch Zunahme der Bevölkerung, Kanalisationsneuanschlüsse und eine erhebliche Steigerung des Wasserverbrauches seit dem Bau der Anlage dürften bei ihnen die entscheidende Ursache für die auftretenden Mängel sein. Die nicht angeführten Anlagen von Oschatz, Ludwigsfelde, Jüterbog und Stalinstadt (die letzten beiden sollen noch erweitert werden) sind hierfür ebenfalls typische Beispiele. Durch eine Vergrößerung der Gebiete, die z. B. für Erfurt mit 1000 ha veranschlagt ist, müssen hier die Abnahmevoraussetzungen überhaupt erst geschaffen werden. Unabhängig hiervon dürfte in Leipzig und auch Erfurt die Größe der Vorhaben eine Rolle spielen, da bei Großstädten die Sicherstellung ganzjähriger Abwasserabnahme immer schwieriger ist (SCHONNOPP [158]).

Ferner sind die engen Wechselbeziehungen zwischen Verwertungsmenge, Bewässerungsverfahren, Boden- und Acker-Grünlandverhältnis deutlich zu erkennen. Schwere Bodenverhältnisse bringen, wie die Gebiete Arnstadt und Nossen zeigen, nur in Ausnahmefällen zu überwindende Schwierigkeiten mit sich. Die Anlage Halberstadt stellt dies mit einem Abflußanteil von 47%, ebenfalls unter Beweis. Lediglich bei einer Konzentrierung des Verwertungsbetriebes auf die Grünlandflächen lassen sich die erheblichen Nachteile des schweren Bodens mehr oder weniger ausgleichen.

Daß das Acker-Grünlandverhältnis aber auch bei den leichteren Böden für die ganzjährige Abwasserunterbringung von wesentlichem Einfluß ist, läßt die gute Abnahme in den Gebieten Delitzsch-Schenkenberg, Rudolstadt, Nordhausen (1,9 : 1) und Pritzwalk (1 : 19) erkennen (s. Tabelle XII). Lediglich in der Anlage Neustrelitz gleicht der ausgesprochen leichte Sandboden die Nachteile eines geringen Grünlandanteiles aus. Wenn andererseits in Oschatz trotz ausreichender Grünlandflächen (1 : 4) die Reinigungsaufgabe nur völlig ungenügend gelöst wird, so liegt das an dem von Natur aus entwässerungsbedürftigen Grünland, das einen Verwertungsbetrieb nur in trockenen Zeiten ermöglicht. Die besondere Bedeutung entsprechend geeigneter Grünlandflächen für die Abwasserabnahme wird damit nachdrücklichst unterstrichen [48], [197]. Auf die Notwendigkeit ihrer Erweiterung kann daher auch von dieser Seite her nicht eindringlich genug hingewiesen werden.

Zu erkennen ist weiterhin, daß die Möglichkeiten für die ganzjährige Abwasserunterbringung und der hierzu erforderliche Kostenaufwand in reinen Beregnungsgebieten wesentlich ungünstiger sind als bei einem kombinierten Betrieb bzw. bei Berieselung (Delitzsch-Schenkenberg, Rudolstadt) [88], [58]. Neustrelitz nimmt auch in dieser Hinsicht eine Ausnahmestellung ein. Zum Ausgleich der normalerweise hierdurch auftretenden Schwierigkeiten ist nach ZUNKER [202] ein Berieselungsanteil von 8% erforderlich.

Schließlich ist aus der obigen Tabelle die völlig ungenügende Berücksichtigung von Bodenfilterflächen zu entnehmen. Selbst bei einem nur geringen Anteil wäre hierdurch die Abnahme in den Gebieten Rudolstadt und Neustrelitz absolut sichergestellt und in den anderen Anlagen bei entsprechender Ausdehnung ebenfalls entscheidend verbessert. Nähere Einzelheiten über die diesbezüglichen Verhältnisse in den übrigen Anlagen einschließlich der Größe und Abwasserbelastung sind der Anhangtabelle XII zu entnehmen. Hiernach verfügen nur zwölf Anlagen über derartige Einrichtungen. Mit einem Flächenanteil von weniger als 1% und einer dementsprechend hohen Belastung sind auch sie jedoch zu klein und in Zustand und Wirkung unbefriedigend. Der Projektierung bzw. den Stellen, die die dafür vorgesehenen Mittel nicht genehmigten, kann hier nicht der Vorwurf erspart werden, die ganzjährige Abwasserabnahme erheblich vernachlässigt zu haben, wenn selbst in den neu errichteten Anlagen Halberstadt und Nossen keine derartigen Entlastungsflächen vorhanden sind.

Größere Unterbrechungen des eigentlichen Verwertungsbetriebes in stärkeren Frostzeiten sowie gewisse Pausen während der Vegetationszeit (z. T. Sonn- und Feiertage) lassen sich kaum vermeiden. Die Angaben über die jährliche Betriebszeit (Tab. XI) zeigen übereinstimmend mit polnischen Erfahrungswerten, daß hierfür ein Mindestzeitraum von 70 Tagen, der nur bei Berieselung bzw. einem kombinierten Beregnungs-Berieselungsbetrieb, leichtem Boden und einem hohen Grünlandanteil unterschritten, in den meisten Fällen jedoch überschritten wird, veranschlagt werden muß. Gilt es doch immer zu berücksichtigen, daß die Landwirte die Abwasserverwertung nicht als einen unbedingten Zwang empfinden dürfen, der sich bei einem ganzjährigen Verwertungsbetrieb leicht ergeben kann. Außerdem sind die Kosten für die Abwasserbehandlung auf Stau- und Filterflächen in Zeiten, wo kein landwirtschaftlicher Nutzeffekt zu erwarten ist, erheblich billiger und z. T. auch materialschonender [158]. Einen gewissen Anhalt für den zugrundezulegenden jährlichen Verwertungszeitraum unter verschiedenen natürlichen und technischen Verhältnissen versucht die nachfolgende Tabelle zu geben.

TABELLE 27

Boden	Grünlandanteil	Anzahl der Tage ohne Verwertungsbetrieb	
		Berieselung bzw. komb. Betrieb	Beregnung
leicht	unter 20%	60	90
	über 20%	0—30	60
mittel	unter 20%	90	120
	über 20%	30—60	90
schwer	unter 20%	120—150	180—200
	über 20%	90—120	120—150

Sie ist nach den gesammelten Betriebserfahrungen aufgestellt und läßt ebenfalls erkennen, daß Bodenfilterflächen für eine ganzjährige Abwasserabnahme unumgänglich sind. Dies trifft in besonderem Maße für die schweren Böden zu, wobei allerdings hier die Anlagemöglichkeiten sehr teuer sind, sofern nicht wenigstens kleinere Flächen mit leichterem Boden zur Verfügung stehen. Ein Beispiel dafür liefert das Halberstädter Gebiet, in welchem man sich jetzt mit dem Gedanken trägt, kleinere Entlastungsturmtropfkörper aufzustellen. Aber auch auf leichten Böden kann, wie die Tab. 27 deutlich zeigt, auf sie nicht verzichtet werden. Als vordringlichste Maßnahme muß daher in den bestehenden Anlagen dieses Versäumnis nachgeholt werden.

Für die Größe der Bodenfilterfläche werden von IMHOFF [69] 5000 Einwohner pro Hektar/Jahr als Richtsatz angegeben (= 50 mm/ha/Tag). Dieser Wert, der 2–3% der Bewässerungsfläche entspricht, sollte, wie es bisher immer der Fall gewesen ist, nicht wesentlich überschritten werden, da sonst die Reinigung des während des Winters 60–150 Tage hintereinander aufgebrachten Abwassers nicht sichergestellt ist. Die hierfür entstehenden Anlagekosten sind z. T. sehr hoch (bis 30000 DM/ha), so daß dem Vorschlag von WIERZBICKI [189], an Stelle der unproduktiven Filter Berieselungsflächen zum Anbau von Laubhölzern (Esche, Erle, Espe, Pappel) vorzusehen, eine erhebliche Bedeutung zukommt. Die bei einer jährlichen Abwasserbelastung von 1500 mm (20% Flächenanteil) erzielten Pappelerträge bei Wroclaw sind, wie die Tab. 28 zeigt, ebenso erfolgversprechend wie die Angaben von ZEILLER

[196] bei Stauberieselung mit 5500 mm/Jahr (ca. 6% der Bewässerungsfläche) und die von SCHULZ-FALKENHAIN [169] mitgeteilten Erfahrungen über die Verwertung von Zuckerfabrikabwässern durch Pappeln in Nordrhein-Westfalen.

TABELLE 28

Abwasserausnutzung durch Pappeln (Populus Canadiensis) auf lehmigen Sandboden (nach Wierzbicky)

Baumalter	unbewässert		bewässert		Rel. Z. Zuwachs
	Holzmaße pro Baum dcm^3	jährl. Zuwachs dcm^3	Holzmaße pro Baum dcm^3	jährl. Zuwachs dcm^3	
1952 2 Jahre	0,245		0,130		
1953 3 Jahre	0,928	0,683	1,004	0,874	128
1954 4 Jahre	3,060	2,132	6,010	5,006	208
1955 5 Jahre	8,120	5,060	17,777	11,767	224

Folgendes Anlageschema könnte sich besonders bei der meist erforderlichen stärkeren Belastung gut bewähren:

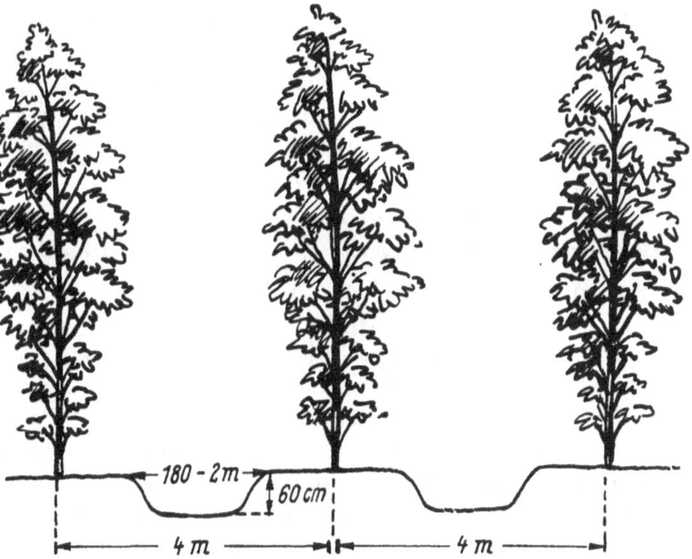

Abb. 12. Pappelbewässerungsversuch

Die Rinnen lassen sich mit einem Grabenpflug ohne größeren Aufwand ziehen. Durch eine sorgfältige Tiefeneinstellung können kleinere Niveauunterschiede beseitigt und die Bäume vor unmittelbaren Bewässerungsschäden (Frostwirkung u. a.)

bewahrt bleiben. Zahlreiche Möglichkeiten sind hier noch auszuschöpfen. Der Aufwand dürfte sich jedoch infolge der Notwendigkeit der Abwasserunterbringung sowie der hygienischen Vorteile lohnen.
Zusammenfassend ergibt sich hieraus, daß eine ganzjährige Abwasserabnahme bei einer zweckmäßig projektierten Anlage und einem ordnungsgemäßen Verwertungsbetrieb durchaus möglich ist. Die Überbelastung der Anlagen sowie das Fehlen von Bodenfiltern sind in erster Linie für die derzeitigen Mängel verantwortlich zu machen. Schwierigkeiten bereiten allerdings die Gebiete mit schweren Böden, die auch bei einer vorwiegenden Grünlandnutzung nur z. T. ausgeglichen werden können. Zur Vermeidung eines größeren Risikos sollten sie in Zukunft nur noch in Ausnahmefällen zur Verwertung herangezogen werden. Eine Schlußfolgerung, die im Gegensatz zu den Ansichten von KALWEIT [74] und ZUNKER [202] auch durch die Erfahrung von ANGERER [2] in Niedersachsen bestätigt wird.
Hierzu ergänzend noch einige Angaben über den Zustand der Vorfluter im Bereich der Landbehandlungsanlagen, der entsprechend den Werten in der Tab. XII nur zum Teil als befriedigend bzw. ausreichend ist. Bei einigen Anlagen ist hierfür zweifellos die ungenügende Abnahme verantwortlich zu machen, andererseits sind diese Angaben infolge anderweitiger Verschmutzungsquellen nur sehr relativ zu bewerten. So muß z. B. der Oder-Spreekanal bei Stalinstadt als außerordentlich verschmutzt bezeichnet werden, was jedoch auf die völlig unbehinderte Einleitung der Abwässer des dortigen Eisenhüttenkombinates zurückzuführen ist. Daß die Reinigungswirkung durch den Boden von keinem anderen künstlichen Verfahren übertroffen wird, zeigen erneut vergleichende Untersuchungen von BRAUSS [23] sowie Analysen des Flußuntersuchungsamtes Hildesheim [nach 2]. Hier betrug der BSB_5 bei einem Ausgangswert des Abwassers von 770 nach Verregnung auf leichtem Boden (Jahresmenge/ha 550 mm) am Abfluß in den Vorfluter nur noch 18 und der $KMnO_4$-Verbrauch ging von 1580 auf 53 zurück.

3,52 Die Berücksichtigung der hygienischen Forderungen

Neuere human- und veterinär-hygienische Untersuchungen in weiträumigen Verwertungsgebieten von POPP [135], FREITAG [44], MEYER-OSCHATZ [111] und KÖSER [91], [92] lassen immer mehr erkennen, daß bei Einhaltung entsprechender Schutzfristen die weiträumige Abwasserlandbehandlung als das leistungsfähigste Reinigungsverfahren anzusehen ist, da nur bei ihr die Inhaltstoffe des Abwassers restlos verarbeitet werden können. Mit den 1956 fertiggestellten hygienischen DIN-Richtlinien zur Bewässerung und Verwertung von Abwasserrückständen [211] ist eine wichtige Arbeitsunterlage geschaffen. Über die Ausgleichsmöglichkeiten der hierin enthaltenen hygienischen Forderungen mit den landwirtschaftlichen Belangen berichtet KOHLSCHÜTTER [84] und stellt bezüglich der Vorklärung sowie der Einhaltung der Schutzfristen eine weitgehende Übereinstimmung fest. Die praktischen Erfahrungen lassen hierüber folgendes erkennen:
Ein Teil der an sich geringen Beanstandungen in der Praxis richtet sich, wie aus den entsprechenden Vermerken in der Tab. XII zu entnehmen ist, gegen die un-

genügende Vorklärung. Es trifft dies besonders für die Anlagen mit grob mechanischer Klärung zu, wo entweder ein Absetzbecken völlig fehlt oder die Absetzdauer zu gering ist. Auf S. 65 wurde hierzu bereits Stellung genommen und auch aus betriebstechnischen Gründen (Verstopfungsgefahr) eine Absetzdauer von einer Stunde befürwortet. Bei Neuanlagen wird, wie die Verhältnisse in Stalinstadt, Jüterbog und der noch im Endausbau befindlichen Anlage Frankfurt a. d. O. zeigen, dies weitgehend berücksichtigt. Es handelt sich um eine bautechnische Maßnahme, gegen die auf Grund der Vorrangstellung des „Wasserwertes" landwirtschaftlicherseits kein nennenswerter Einspruch mehr erhoben werden sollte.

Ähnliches trifft für die mehrfach als ungenügend beanstandete Schlammbehandlung bzw. -verwertung zu. Wie aus den letzten beiden Spalten der Tab. XII ersichtlich ist, findet eine vorschriftsmäßige Ausfaulung nur in elf Anlagen statt. Trockenbeete sind sogar nur in sechs Fällen vorhanden. Ergänzungsbauten durch den Abwasserlieferanten sind hier unerläßlich, da die häufig noch übliche Frischschlammverwertung auf in der Nähe der Kläranlage gelegene Rieselflächen, wie sie KALWEIT [74] für die meisten sächsischen Gebiete angibt, ebenso abzulehnen ist, wie der Zusatz von ungenügend ausgefaultem Material zum Bewässerungswasser.

Wesentlich einschneidender sind die Beanstandungen gegen den Gemüseanbau bzw. die Gemüsebewässerung in den Verwertungsgebieten. Abgesehen von den Rieselfeldern Berlins, deren finanzielle Seite einschließlich der Gemüseversorgung der Stadt entscheidend verschlechtert wird, bedeutet auch die Abschaffung des Gemüsebaues in den weiträumigen Gebieten, wie das Beispiel von Delitzsch-Schenkenberg besonders deutlich zeigt, eine erhebliche Einbuße. Wenn auch teilweise nur in kleinerem Umfange, so wird Gemüse immerhin in elf Gebieten angebaut und im Jugendstadium, bei Furchenberieselung auch zu späteren Terminen bewässert. Durch die Anbauplanung nach 1945 wurden einige Gebiete, die sich hiermit früher aus arbeitswirtschaftlichen Gründen nicht beschäftigt haben, neu beauflagt.

Zumindest in den Gebieten mit einem traditionsmäßigen Gemüseanbau ist ein absolutes Verbot nicht tragbar, und es wird von dem Ausnahmerecht bei Kochgemüse Gebrauch gemacht werden müssen. Der in Neustrelitz beschrittene Weg, das im Verwertungsgebiet erzeugte Gemüse vertraglich an eine Konservenfabrik zu liefern, dürfte auch von der Hygiene akzeptiert werden.

Die bei den übrigen Kulturpflanzenarten verlangten Schutzfristen werden bereits in den Verwertungsgebieten weitgehend eingehalten, da der günstigste Bewässerungszeitpunkt in der Regel vor den wie folgt festgelegten Karenzzeiten liegt.

1. Futterrüben und Zuckerrüben, Industriekartoffeln, Ölfrüchte, Faserpflanzen = Bewässerung bis 4 Wochen vor der Ernte.
2. Speisekartoffeln und Getreide = Bewässerung bis in die Blüte.
3. Grünland und Feldfutterpflanzen = Bewässerung bis 14 Tage vor dem Schnitt bzw. der Beweidung.

Einen ungefähren Überblick über die Verteilung der Bewässerungszeiten und Schutzfristen vermittelt die Abb. 13. Die Bewässerungsdaten wurden hierbei weitgehend von BAUMANN [9] übernommen, die Blüte- bzw. Erntezeitpunkte aus phänologischem Unterlagenmaterial des MHD [112] zusammengestellt.

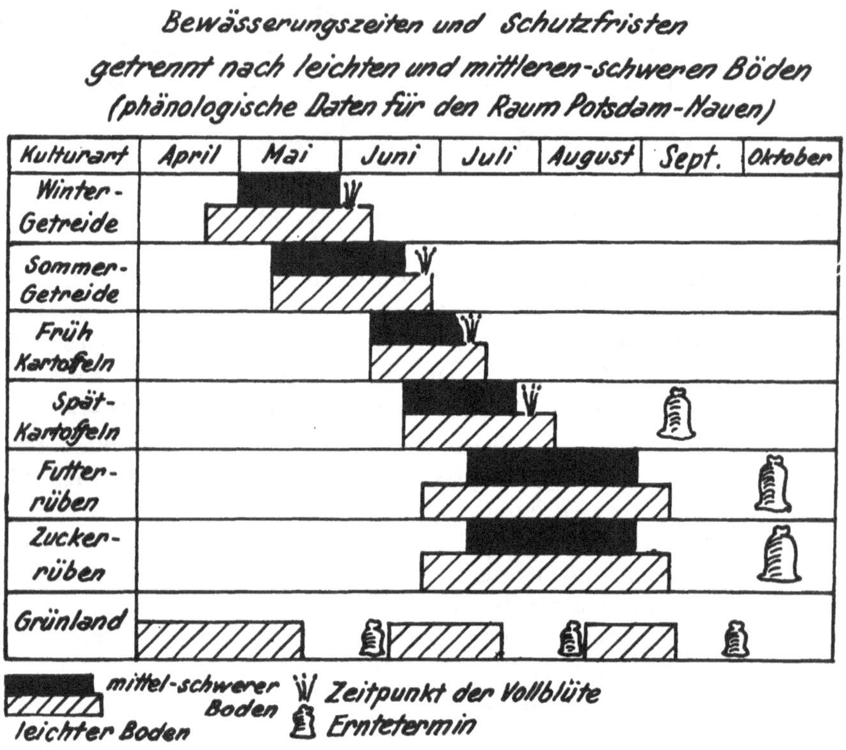

Abb. 13.

Bedeutende Überschneidungen liegen also, wenn man berücksichtigt, daß sich bei den regional und witterungsmäßig bedingten Verschiebungen auch der Bewässerungszeitpunkt ändert, nicht vor. Lediglich auf leichten Böden danken die Pflanzen bei stärkerer Trockenheit eine spätere Bewässerung noch durch einen lohnenden Mehrertrag. Dies trifft am ehesten für die unter ungünstigeren natürlichen Standortsverhältnissen recht stark betriebene Getreidebewässerung zur Verhinderung von Notreifeerscheinungen und vor allem auch die Kartoffeln in trockenen Jahren zu, wobei der Zeitraum von der Blüte bis zur Ernte jedoch noch meist mehr als vier Wochen beträgt. Aber auch in diesen Sonderfällen handelt es sich um keine direkte Überschneidung, da durch die Abwasserbewässerung die Vegetationsentwicklung um ca. 8–10 Tage verlängert wird [163].

Die günstigsten Vorbedingungen für eine Einhaltung der hygienischen Gesichtspunkte weisen in der Praxis auf Grund der weitgehenden Übereinstimmung zwischen pflanzenphysiologischen und hygienischen Belangen die bewässerungsmäßig straff organisierten Gebiete auf. Besonders in den grünlandstarken Verwertungsgebieten ist eine hohe Leistung der Anlagen erforderlich, um auf den Intensivweiden die Karenzzeit zwischen Bewässerung und Ernte von 14 Tagen einzuhalten. Sonderleitungen mit entsprechender Umtriebsgeschwindigkeit, wie sie in einigen Beregnungsgebieten zur ausreichenden Wasserversorgung der Intensivweiden vorzufinden sind sowie eine Anpassung der Feldarbeiten an den Bewässerungsumtrieb (s. S. 83) bieten auch in hygienischer Hinsicht die beste Gewähr.

Ungünstiger sieht es dort aus, wo der Verwertungsbetrieb auch die landwirtschaftlichen Aufgaben nur ungenügend erfüllt. Ein schematischer Einsatz der Beregnung, wie z. B. in Erfurt (s. S. 79) bringt selbstverständlich erhebliche Mängel mit sich. Alle im Abschnitt 3,3 hervorgehobenen Maßnahmen zur Verbesserung des Verwertungsbetriebes sind daher für die Einhaltung der Hygienerichtlinien von Bedeutung. Dies trifft auch für die betriebstechnische Forderung nach möglichst großen und zusammenhängenden Beregnungsflächen zu, da hierdurch das von SCHULZE [170] und ZUNKER [203] untersuchte Versprühen auf Nachbarflächen, auf dessen hygienische Nachteile insbesondere REINHOLD [136], MÜLLER [114] und weniger besorgt FREYTAG [44] hinweisen, erheblich verringert wird. Eine weitere Hilfestellung ist hierbei von der Bewässerungstechnik zu leisten, indem auch in der DDR Regner mit einem flachen Anstellwinkel hergestellt werden [211]. Selbst die in diesem Zusammenhang geforderte Anpflanzung von Gehölzstreifen dient nicht nur der Hygiene, sondern sowohl der Landschaftsgestaltung wie auch der für den Beregnungsbetrieb selbst wichtigen Verminderung der Windstärke. Sie sollte daher planmäßig als Nachholemaßnahme durchgeführt bzw. im Neuprojekt mit enthalten sein. Während die Einhaltung der Schutzfristen auf Grund der bisherigen Erfahrungen bei dem normalen Verwertungsbetrieb möglich ist und sich die noch bestehenden Mängel im Zuge der technischen und organisatorischen Verbesserungsmaßnahmen weitgehend beseitigen lassen, müssen erhebliche Bedenken gegen eine uneingeschränkte Nutzung der Bodenfilterflächen erhoben werden. Dies trifft vor allem dann zu, wenn sie in stärkerem Umfang während der Vegetationszeit beansprucht werden. Das hier gewonnene Gras sollte zumindest nicht frisch verfüttert werden, wie es in einigen Gebieten wegen der hohen Futterwüchsigkeit der Fall ist. Der bereits zitierte Vorschlag von WIERZBICKI [189], schnellwüchsige Holzarten bei einer nicht zu starken Abwasserbelastung anzupflanzen, verdient, hier nochmals erwähnt zu werden, da er jegliche hygienische Gefährdung ausschließt. Korbweiden, die nach Angaben von LAUMEN [99] im ehemaligen Magdeburger Rieselfeld mit 15 ha beteiligt waren, scheiden allerdings wegen zu großer Brüchigkeit der Ruten (NACL-Gehalt) weitgehend aus.

Wenn somit nachgewiesen wurde, daß die Abwasserlandbehandlung grundsätzlich in der Lage ist, unter den genannten Vorbedingungen die Reinigungsaufgabe zu erfüllen sowie auch den hygienischen Anforderungen weitgehendst gerecht zu werden, so darf jedoch nicht übersehen werden, daß den Landwirt in erster Linie die Bewässerung seiner Felder interessiert. Es bedarf daher einer bestimmten Überwachungs- und Kontrolltätigkeit durch eine übergeordnete Stelle. Die von BILLIB [19] im Regierungsbezirk Stade eingeführte Schauordnung für Abwasserlandbehandlungsanlagen, die vorsieht, in die Schaukommission auch Vertreter der Hygiene einzubeziehen erscheint hierzu als der gangbarste Weg. Zwei Schauen, von denen eine während der Vegetationszeit (kurz vor der Ernte) und die andere während der Herbst- und Wintermonate in unregelmäßigem Abstand erfolgen muß, erweisen sich als notwendig. Neben der Überprüfung der technischen Anlagen (einschließlich der Arbeitsbedingungen der Klär- und Regenwärter) ist besonderes Augenmerk auf den Betrieb und die Einhaltung des Bewässerungsplanes zu legen. Ferner ist es erforderlich, in vermehrtem Umfange wieder hygienische Untersuchungen des Abwassers und der angrenzenden Vorfluter durchzuführen. Die letzten Probeentnahmen liegen in einer Reihe von Anlagen mehr als zwölf Jahre zurück.

3,6 Schlußfolgerungen und Verbesserungshinweise für die Betriebsführung und Planung

Die vorangegangenen Ermittlungen lassen mit aller Deutlichkeit erkennen, daß die weiträumige Abwasserlandbehandlung erhebliche Anforderungen an den Landwirt und Techniker stellt, wenn die Verwertungs- und Reinigungsaufgabe ordnungsgemäß durchgeführt werden soll. Es wurde ersichtlich, daß die kombinierte Aufgabenstellung sehr erfolgreich gelöst werden kann, es zeigte sich jedoch auch, in welchem Umfange der Erfolgsgrad von den jeweiligen natürlichen, landwirtschaftlichen und technischen Vorbedingungen sowie der Betriebsführung abhängt. Bilanzmäßig ist zwischen Gebieten zu unterscheiden, die beiden Forderungen in vollem Umfange genügen sowie Anlagen, die hinsichtlich der ganzjährigen Abwasserabnahme Mängel aufweisen bzw. sowohl landwirtschaftlich als auch reinigungsmäßig nicht befriedigen.

Bei einer kritischen Beurteilung sind in die Kategorie 1 lediglich die Anlagen Delitzsch-Schenkenberg, Rudolstadt, Nordhausen, Stalinstadt und bedingt Neustrelitz und Pritzwalk einzustufen, während zur zweiten Gruppe die Gebiete Görlitz, Leipzig-Delitzsch, Leipzig-Nord, Erfurt, Radeberg, Halberstadt zu zählen sind *). In allen übrigen Anlagen sind trotz teilweise recht beachtlicher landwirtschaftlicher Erfolge in beiden Punkten Verbesserungen wünschenswert. Je nach den Ursachen der Mängel ist hier zwischen Gebieten, die sich mit relativ geringen Nachholemaßnahmen in technischer und organisatorischer Hinsicht schnell und wirksam verbessern lassen, und solchen, die auf Grund ungünstiger Ausgangsbedingungen auch in Zukunft kaum voll befriedigen werden, zu unterscheiden.

Als in jeder Hinsicht günstig und für eine positive Weiterentwicklung erfolgversprechend sind die vielseitigen Vorteile der großflächigen Wirtschaftsform zu bezeichnen.

Hauptverantwortlich für das Zurückbleiben eines Teiles der Anlagen in landwirtschaftlicher Hinsicht ist bei zumindest sechs Gebieten die ungenügende Berücksichtigung der Standortsanforderungen. Bei den übrigen erklären Mängel in der

*) Inzwischen fertiggestellte Anlagen erhöhen den Anteil der Kategorie I.

technischen Anlage sowie vor allem auch bedingt durch die bisherige Flächenstruktur eine ungenügende Anpassung der Landwirtschaft an die Verwertungsbedingungen das Zurückbleiben hinter den Erwartungen. Die vorhandenen Ausgleichsmöglichkeiten durch eine straffe Organisation des Verwertungsbetriebes wurden besonders in den letzten Jahren, bedingt durch die verschiedenen Strukturänderungen der Genossenschaften und ihrer Leitung, nicht genügend ausgenutzt. Die landwirtschaftliche Beratung und technische Betreuung erstreckte sich lange Zeit nur auf wenige Gebiete, die sich trotz recht unterschiedlicher Vorbedingungen leistungsmäßig klar abzeichnen.

Die Ursachen für die z. T. recht bedeutenden Mängel bei der ganzjährigen Abwasserabnahme liegen neben der ungenügenden Standortsberücksichtigung bei der Auswahl der Verwertungsflächen in den völlig unzulänglichen Einrichtungen für die Abwasserunterbringung während der Wintermonate. Abgesehen davon, daß in 16 Gebieten Bodenfilteranlagen überhaupt fehlen und ihre Aufnahmefähigkeit in den übrigen Gebieten meist zu gering ist, dürften hierauf auch die in letzter Zeit verstärkte Ausrichtung zum einseitigen Beregnungsbetrieb sowie die häufig zu verzeichnenden Hemmnisse bei der Erweiterung der Grünlandflächen von erheblichem Einfluß sein. Ferner wird infolge eines bedeutenden Anstieges des Abwasseranfalles seit Inbetriebnahme der Anlagen ein Teil der Gebiete, wie z. B. Erfurt, Görlitz, Delitzsch-Schenkenberg und Zeitz in ihren Möglichkeiten überfordert.

Für die Planung neuer Anlagen sowie vor allem zur Erhöhung der Leistungsfähigkeit in einem erheblichen Teil der bestehenden Gebiete sind auf Grund der vorangegangenen Analyse, insbesondere der vorgenommenen Gegenüberstellung einer Reihe von guten und weniger günstigen Beispielen, folgende Forderungen zu erheben bzw. Hinweise zu geben:

a) Standortsgemäße Planung der Anlagen

a_1) Entscheidend für den Erfolg und die zukünftige Weiterentwicklung der Abwasserlandbehandlung ist die verstärkte Berücksichtigung der Standortsfrage bei der Auswahl der Verwertungsgebiete. Die Bodenbeschaffenheit der Krume sowie des Untergrundes, der Bodenzustand, die Grundwasserverhältnisse sowie in gewisser Hinsicht auch die Geländegestaltung sind hierbei als ausschlaggebende Faktoren anzusehen. Klimatische Differenzierungen sind demgegenüber im Bereich der DDR von untergeordneter Bedeutung. Sie treten – abgesehen von Extremlagen – nur dann stärker in den Vordergrund, wenn die Verwertungseignung bodenmäßig nicht klar zu entscheiden ist.

a_2) Die bisherigen Betriebserfahrungen lassen eindeutig erkennen, daß in Gebieten mit vorwiegend schweren und wenig wasserdurchlässigen Böden wegen der im großen und ganzen nur geringen landwirtschaftlichen Abwasserausnutzung sowie besonders der kaum zu überwindenden Schwierigkeiten bei der Lösung der Reinigungsaufgabe ein wirtschaftlich vertretbarer Verwertungsbetrieb nicht möglich ist. Es gilt daher, die Möglichkeiten und Grenzen der Abwasserlandbehandlung in dieser Hinsicht von den Projektierungsstellen real zu erkennen.

Leichte Mittelböden sind auf Grund des günstigsten Verhältnisses von Aufwand und Ertrag zu bevorzugen. Leichte Sandböden erfordern zwar eine erheblich höhere Bewässerungsintensität; die Ausnutzung pro Millimeter Abwasser ist bei ihnen etwas geringer, sie bieten jedoch besonders im Hinblick auf die ganzjährige Abwasserunterbringung bedeutende Vorteile.

a_3) Die Nachteile eines zu schweren Bodens lassen sich durch ein entsprechend geringes Beteiligungsverhältnis kaum wirkungsvoll ausschalten, da durch die hierdurch bedingte Vergrößerung des zu erschließenden Gebietes die Bau- und Betriebskosten erheblich gesteigert werden, was in Verbindung mit den Unterbringungsschwierigkeiten die Wirtschaftlichkeit des Vorhabens stark in Frage stellt. Ein hoher Anteil von Grünlandflächen kann zwar in gewissem Umfange ausgleichend wirken, jedoch dürfen auf den von Natur aus günstigen Ackerstandorten die diesbezüglichen Möglichkeiten nicht überschätzt werden. Eine weitgehende Herabsetzung der baulichen und betrieblichen Aufwendungen durch die Weiterentwicklung der Technik sowie die Spezialisierungsmöglichkeit in landwirtschaftlicher Hinsicht wird in Zukunft die dargelegten Erfordernisse verändern können.

a_4) Für die dringend erforderliche Durchführung der Verbesserungsmaßnahmen in den bestehenden Gebieten erscheint es notwendig, sich in der Rangordnung ebenfalls von der natürlichen und landwirtschaftlichen Eignung des jeweiligen Gebietes leiten zu lassen. Unabhängig von dem Kostenaufwand sind auch hierbei die Gebiete mit günstigen Verwertungsböden die volkswirtschaftlich lohnendsten Objekte.

a_6) Aus betriebstechnischen und wirtschaftlichen Erwägungen ist auf eine geringe Entfernung des Verwertungsgebietes von der Abwasseranfallstelle sowie die Erschließung eines möglichst zusammenhängenden Bewässerungsgebietes besonderer Wert zu legen. Mittlere Vorhaben, bei denen letzteres leichter zu berücksichtigen ist, sind daher neben den geringeren Abnahmeschwierigkeiten auch aus diesem Grunde zu bevorzugen.

a_7) Die entscheidende Voraussetzung für den Erfolg aller zukünftigen Maßnahmen liegt in der ständigen Zusammenarbeit erfahrener Landwirte und Techniker, die von dem Leitsatz bestimmt ist, dort Verwertungsanlagen einzurichten, wo sie standörtlich hingehören. Sie hat sich von der Auswahl und Beurteilung der Verwertungsflächen an bis zu Einzelheiten des technischen Projektes und der Inbetriebnahme der Anlage im Interesse einer den landwirtschaftlichen Gegebenheiten angepaßten Erschließung und Einrichtung des Gebietes zu erstrecken.

b) Technische Erfordernisse und Verbesserungen

b_1) Als entscheidender Mangel in fast allen bestehenden Anlagen ist das lange Zeit angewante Prinzip, so billig wie möglich zu bauen, zu kritisieren. Die hierdurch unvermeidliche Erhöhung der laufenden Betriebskosten verteuert den Gesamtaufwand und ist in beträchtlichem Umfange für die z. T. unbefriedigenden Verwertungs- und vor allem Abnahmeleistungen verantwortlich. Es kommt darauf an, die landwirtschaftlichen Verhältnisse angepaßt und im Hinblick auf den laufenden Betrieb arbeitswirtschaftlich-zweckmäßig zu bauen.

b_2) Besonders die Vorklärungseinrichtungen können in den bestehenden Anlagen, von wenigen Ausnahmen abgesehen, nur als Provisorien angesehen werden. Sowohl im Hinblick auf hygienisch-wasserwirtschaftliche Erfordernisse als auch betriebstechnisch-arbeitswirtschaftliche Gesichtspunkte ist auf ihre Vervollständigung, ausreichende Bemessung und weitgehende Automatisierung besonderer Wert zu legen. Eine Absetzzeit von einer Stunde während der Vegetationszeit erscheint als Kompromiß zwischen den hygienischen und landwirtschaftlichen Forderungen gerechtfertigt und sollte bei Ergänzungs- bzw. Neubauten ebenso Berücksichtigung finden, wie der Einbau automatischer Rechen- und Schlammräumungseinrichtungen.

b_3) Zur Sicherung der ganzjährigen Abwasserabnahme bedarf es ferner eines ausreichenden Speicherraumes sowie bei allen Anlagen obligatorisch der Einrichtung spezieller Ausgleichsflächen. Bei letzteren ist eine betrieblich günstige Lage, die es ermöglicht, das überschüssige Wasser an Sonn- und Feiertagen den Bodenfiltern mit natürlichem Gefälle zuzuleiten, von besonderem Wert, zumal hierdurch sowohl an Arbeitskräften als auch an Speicherraum (eineinhalbfacher Tagesanfall) eingespart werden kann. Für die Bemessung der Bodenfilterflächen ist die Anzahl der Tage ohne Verwertungsbetrieb, die je nach den gegebenen natürlichen, landwirtschaftlichen und betriebstechnischen Verhältnissen zwischen 60 und 180 Tagen schwankt sowie als Höchstbelastung pro Jahr 18000 mm (= 2–3% der Bewässerungsfläche) zugrundezulegen.

b_4) Die besonders bei den neueren Anlagen augenscheinliche Tendenz, der Beregnung einseitig den Vorzug zu geben und auf einen kombinierten Bewässerungsbetrieb zu verzichten, entspricht weder ganz dem Bemühen um eine möglichst reibungslose Abwasserabnahme noch der anzustrebenden Verbilligung der laufenden Betriebskosten. Trotz der ungleichmäßigeren Wasserverteilung sollte bei kommenden Erweiterungs- bzw. Neubauten, auf hierzu geeigneten Teilflächen auch auf weiträumige Berieselungsverfahren zurückgegriffen werden. Dies trifft vor allem auch für die Rohrberieselung zur Durchführung einer düngenden Herbst-, Winter- bzw. Frühjahrsbewässerung auf dem Grünland und den Ackerflächen zu.

b_5) Während der Vegetationszeit ist im Interesse einer ausreichenden Wasserversorgung ein fünf- bis sechsmaliger Umtrieb auf dem Grünland und eine durchschnittlich dreimalige Bewässerung der Ackerfrüchte (ohne Zweit- und Zwischenfruchtbau) erforderlich. Diese Leistung wird derzeit nur von einigen wenigen Anlagen erreicht. Neben Mängeln in der Bewässerungsorganisation ist hierfür die ungenügende Anpassung der Wasserverteilungsanlagen an die Erfordernisse eines zügigen Umtriebes verantwortlich. Es trifft dies insbesondere für die Lage und den Abstand der Hydranten bei den vorwiegend halbstationären Anlagen, der 120–200 m nicht überschreiten sollte sowie der Ausrüstung mit beweglichem Rohrmaterial sowie Regnern zu. 70–80 ha auf mittlerem Boden und

50–60 ha bei leichten Bodenverhältnissen sind als Richtsatz für die Größe eines Anlagenbezirkes annähernd einzuhalten.

b_6) Bei der Bewässerung entfällt ein nicht unerheblicher Zeitaufwand auf das Umfahren der Leitung. Er wächst mit der Zahl der zu transportierenden Rohre, die sich bei der meist geringen Erschließung der Gebiete mit unterirdisch verlegten Druckleitungen auf häufig 100 Stück beläuft. Einer Entwicklung, die durch Verwendung billigerer Materialien und einer stärkeren Mechanisierung der Verlegearbeiten zu einer Beregnungsform führt, bei der lediglich noch die Regnerflügel und höchstens ein Teil der bisherigen Feldleitung beweglich verlegt werden, kommt daher besondere Bedeutung zu. Sie ist auch Voraussetzung für den Einsatz der rollenden Beregnung, deren Einsatzbereiche erst noch überprüft werden müssen.

b_7) Von ausschlaggebender Bedeutung für z. T. erhebliche Mängel bei der Durchführung des Verwertungsbetriebes und das ungünstige Kostenbild ist die ungenügende Leistungsfähigkeit und vor allem Haltbarkeit der Regner aus der Produktion des EKM Bitterfeld. Als eine Sofortmaßnahme höchster Wirksamkeit ist daher die Entwicklung betriebssicherer Mittelstark- und Schwachregner nach dem Schwinghebelprinzip anzusehen. Für diese Beregnungsformen sprechen eine Reihe pflanzenphysiologischer, bodenkundlicher, vor allem aber auch arbeitswirtschaftlicher Vorteile. Letztere hat jedoch infolge der kleinen Düsenweiten eine besonders sorgfältige Vorklärung zur Vorbedingung, die derzeit in nur wenigen Anlagen gegeben ist.

c) Betriebstechnische und bewässerungsorganisatorische Gesichtspunkte

c_1) Als zweckmäßigste Betriebsform der Abwasserverregnung während der Vegetationszeit ist der springende Einsatz der Anlagen, der nach einem festgelegten Plan zu erfolgen hat, anzusehen. Bei meist nur relativ geringer Einschränkung der Bewässerungsleistung trägt er in Abhängigkeit von der Größe der zusammenhängend zu behandelnden Flächen den Wasserbedarfsanforderungen der Pflanze in weitmöglichem Umfange Rechnung, ohne hierbei die Belange der ständigen Abwasserabnahme außer acht zu lassen.

c_2) Die starke Abhängigkeit einer höheren Erzeugungsleistung in den Verwertungsgebieten von der Bewässerungsintensität, insbesondere von der erfolgreichen Überbrückung der alljährlich auftretenden Trockenzeiten, läßt die Einführung einer weiteren Zusatzbewässerung in fast allen Beregnungsgebieten als zweckmäßig erscheinen. Hierzu bedarf es entsprechender Reserveleitungen. Unter Ausnutzung der vielfach vorhandenen Einspeisungsmöglichkeit von Klarwasser kommt ferner einer zeitweisen Verlängerung des Gesamtbetriebes erhebliche Bedeutung zu. Die hierdurch entstehenden Mehrkosten sind gesondert aufzubringen; sie machen sich in jedem Falle bezahlt.

c_3) Die Grundlage jeglicher Bewässerungsorganisation bildet ein Rahmenbewässerungsplan, der den mengenmäßigen, zeitlichen und streckenmäßigen Einsatz der einzelnen Bewässerungsumtriebe regelt. Er hat dem Bedienungspersonal als Richtschnur für seine Arbeitsleistung und dem Flächennutzer als Anhalt für seine Dispositionen auf den Bewässerungsflächen zu dienen. In Gebieten mit bodenmäßig stärkerer Differenzierung ist dem Wasserbedarf der einzelnen Flächen ebenso Rechnung zu tragen, wie dem bisher wenig berücksichtigten, unterschiedlichen Abwasserausnutzungsvermögen der verschiedenen Bewässerungsfrüchte. 240 mm auf leichten Böden, 180–200 mm Zusatzregen auf mittleren Böden mit entsprechenden Zuschlägen bei Grünland (50% mehr) und Berieselung (100% mehr) können als durchschnittliche Bewässerungsmengen bei Einzelgaben von 30–40 mm während der Vegetationszeit angesehen werden.

c_4) Eine entscheidende Verbesserungsmöglichkeit zur Erhöhung der Bewässerungsleistung liegt in der Schaffung größerer zusammenhängender Flächen sowie auch einer gewissen Anpassung der Bestellungs-, Pflege- und Erntearbeiten an den Bewässerungsumtrieb. Reale Möglichkeiten ergeben sich hierbei besonders auf dem Grünland durch gemeinschaftliche Weidenutzung sowie nunmehr durch den Bewirtschaftungszusammenschluß in Form der LPG. Die sich hieraus ergebenden Vorteile sind bedeutend und sollten in den bestehenden Anlagen sowie bei der Auswahl und Einrichtung neuer Gebiete entsprechend ausgenutzt werden. Bei Projektierung neuer Vorhaben mit noch nicht vollgenossenschaftlichen Dorffluren sind die landwirtschaftlichen Perspektivpläne zugrundezulegen. Auch durch eine günstige Aufstellung der Geräte, zu deren Verwirklichung es einer Schulung des Bedienungspersonals auf Kurzlehrgängen bedarf sowie eine Ausdehnung der täglichen Betriebszeit auf 12–16 Stunden während der Vegetationszeit ist es möglich, die Anlagen noch wesentlich günstiger auszunutzen.

c_5) Die Bedienungs- und Pumpkosten beeinflussen in beträchtlichem Maße das Verhältnis zwischen Aufwand und Ertrag. Sie müssen daher bei den zukünftig noch steigenden Lohnsätzen verringert werden. Eine Behelfsmaßnahme stellt hierzu zunächst die Differenzierung der Betriebszeit während des Sommers und Winters dar. Weitere Möglichkeiten ergeben sich durch Einsatz von Geräten mit geringerer Regendichte sowie verminderten Druckanforderungen, der bei sinnvoller Anwendung Ersparungen bis zu 25% verspricht. Zur Senkung der Energiekosten bietet die in letzter Zeit häufig propagierte, jedoch nur sporadisch angewandte Einrichtung von Hochbehältern in Verbindung mit einer verstärkten Niederdruckberegnung sowie Berieselung erfolgversprechende Möglichkeiten.

c_6) Trotz kleinerer Ungerechtigkeiten hat sich die Beitragsveranlagung der Landwirtschaft nach der jährlich bewässerten Fläche für die normale Umtriebsbewässerung bewährt. Sie ist abrechnungsmäßig einfach und entspricht der Notwendigkeit eines straffen und möglichst ausgeglichenen Bewässerungsbetriebes. Zusatzbewässerungen müssen je nach der Dauer der Inanspruchnahme extra bezahlt werden. Eine generelle Berechnung nach der Bewässerungsmenge ist erstens wesentlich komplizierter und zum anderen infolge der vorrangigen Bedeutung des Bewässerungszeitpunktes auch mit Mängeln behaftet.

c_7) Ein zügiger Bewässerungsbetrieb setzt eine entsprechende Lenkung sowie organisatorische und technische Überwachung voraus. Sie hat durch den Leiter der Genossenschaft, den Regen- bzw. Rieselmeister in Verbindung mit dem Techniker des kommunalen Wasserwirtschaftsbetriebes zu erfolgen. Die Herbeiführung einer Organisationsform, die der ausschlaggebenden Rolle des verantwortlichen Landwirtes sowie einer guten Zusammenarbeit zwischen Stadt und Landwirtschaft Rechnung trägt, ist daher vordringlich.

d) Abwasserausnutzung durch die Landwirtschaft

d_1) Vorbedingung für eine acker- und pflanzenbaulich-betriebswirtschaftlich zweckmäßige Abwasserausnutzung sind die Auswahl geeigneter Verwertungsflächen, eine den landwirtschaftlichen Erfordernissen weitgehend Rechnung tragende Einrichtung der technischen Anlagen unter besonderer Berücksichtigung des Beteiligungsverhältnisses und ein gut organisierter Bewässerungsbetrieb.

d_2) Gebiete mit leichtem Mittelboden, bei denen sich die Bewässerung auf die bewässerungsdankbaren Kulturarten beschränkt (Beteiligungsverhältnis 40–50%, und nach Möglichkeit ein Erschließungsverhältnis 60–70%), und der Grünlandanteil möglichst hoch (mindestens 30%) ist, stellen die günstigsten Vorhaben für einen hohen landwirtschaftlichen Nutzeffekt dar. Die gute Verwertungsneigung derartiger Standorte bei einem mäßigen Bewässerungsaufwand, der meist bereits vor Aufnahme der Bewässerung vorhandene mittlere Stand der Bewirtschaftungsintensität und die zahlreichen Spezialisierungsmöglichkeiten sind hierfür maßgebend.

d_3) Die Verwertung auf leichten Böden kann ebenso erfolgreich gestaltet werden, wenn eine ausreichende Wasserversorgung gewährleistet ist, der Wirkungsgrad der Bewässerung durch eine allmähliche Hebung des Fruchtbarkeitszustandes des Bodens mit Hilfe entsprechend intensiver Bewirtschaftungs- und Pflegemaßnahmen verbessert wird, der Anteil der Bewässerungsflächen an der landwirtschaftlichen Nutzfläche 60–80% nicht übersteigt und entsprechende Beihilfen in den Anfangsjahren zur Erreichung des erheblich zu steigernden Wirtschaftsaufwandes bereitgestellt werden.

d_4) Einige Beispiele deuten darauf hin, daß von Seiten der Projektierung und vor allem von der Landwirtschaft selbst die Verbesserung der Erzeugungsmöglichkeiten durch das Abwasser nicht richtig eingeschätzt wird. Dies trifft einmal für die übertriebenen Erfolgserwartungen bei einer Bewässerung auf schwerem Boden sowie andererseits, bedingt durch die häufig propagandistischen Auslegungen des sogenannten Nährstoff- und Humuswertes, für die Wirkung des Abwassers als Bodenverbesserungsmittel zu. Es kommt daher in Zukunft für den Gesamterfolg darauf an, besonders in dieser Hinsicht die Möglichkeiten und Grenzen der Abwasserverwertgung klar zu erkennen, d. h. ungeeignete Standorte auszuschließen, das Abwasser nicht als Allheilmittel zu betrachten, sondern die Bewirtschaftung auf eine erhöhte Bodenpflege auszurichten.

d_5) Eine folgerichtige Abwasserausnutzung setzt nicht nur eine günstigere Gestaltung der verschiedenen Wachstumsfaktoren voraus, sondern macht eine Anpassung der Betriebsorganisation an die veränderten Erzeugungsbedingungen erforderlich. In einem großen Teil der bestehenden Anlagen ist besonders in dieser Hinsicht Bedeutendes nachzuholen und auch im Interesse der ganzjährigen Abwasserunterbringung hierbei die Intensivierung der Futterwirtschaft durch Anlage von Weideflächen sowie ein verstärkter Zwischen- und Zweitfruchtanbau besonders zu beachten.

d_6) Abgesehen von einigen wenigen Fehlplanungen lassen sich allein durch eine weiter zielbewußte pflanzenbaulich-betriebswirtschaftliche Beratung in einem erheblichen Teil der in der Meliorationsausnutzung „steckengebliebenen" Gebiete noch bedeutende Erzeugungsverbesserungen erreichen. Die Vorteile der großflächigen genossenschaftlichen Bewirtschaftungsform bieten hierzu besonders durch die Möglichkeiten des geschlossenen Anbaus in speziellen Bewässerungsfruchtfolgen eine entscheidende Erleichterung. Als brauchbare Grundlage für deren zweckmäßige Durchführung können die in 3,42 standörtlich ausgewerteten Betriebserfahrungen dienen. Ein wirklicher Erfolg ist nur dann gesichert, wenn entsprechend der Sonderstellung der Bewässerungsgebiete die Bindung an die ortsüblichen Anbaupläne entfällt.

d_7) In Anbetracht der Zusammengehörigkeit der eigentlichen Meliorationsmaßnahmen mit der Durchführung der erforderlichen direkten und indirekten Folgemaßnahmen sind bei Neuanlagen entsprechende Pläne für die zukünftige Betriebsgestaltung von dem sich aus Landwirten und Technikern zusammensetzenden Projektierungsgremium aufzustellen, die hierfür erforderlichen Kosten, soweit sie die finanzielle Kapazität der Landwirtschaft übersteigen, in die Investitionssummen von Seiten der Landwirtschaft mit aufzunehmen sowie von Baubeginn an mit der landwirtschaftlich-technischen Beratung zu beginnen.

e) Abwasserhygiene und -reinigung

e_1) Eine standortsgemäße Auswahl der Verwertungsvorhaben sowie fast alle Maßnahmen, die der Intensivierung und Straffung des Verwertungsbetriebes dienen, sind auch für die Verbesserung der hygienischen Verhältnisse sowie der ganzjährigen Abwasserabnahme günstig. Die hygienischerseits geforderten Schutzfristen lassen sich weitgehend mit einem pflanzenphysiologisch zweckmäßigsten Bewässerungsbetrieb in Einklang bringen, und auch die landwirtschaftlich vorteilhafte Verlagerung der Produktionsrichtung auf einen verstärkten Futterbau und eine Betonung der Viehhaltung entspricht den gestellten Anforderungen.

e_2) Lediglich das generelle Verbot der Gemüsebewässerung ist mit erheblichen Nachteilen verbunden. Eine allmähliche Einschränkung des Anbaues erscheint gerechtfertigt und möglich. Bis zur Klärung des Hygieneproblems durch weitere landwirtschaftlich-hygienische Gemeinschaftsarbeiten sollte bei sich hieraus ergebenden

Schwierigkeiten Wert auf eine hygienisch vertretbare Verwertung der Erzeugnisse gelegt werden, wozu die Erzeugung von Konservengemüse einen gangbaren Weg bietet.

e_3) Die Sicherung der ganzjährigen Abwasserabnahme verlangt neben einer zweckmäßigen Standortsauswahl entsprechende technische Einrichtungen für die Abwasserunterbringung in den Wintermonaten sowie Auffang- bzw. Ausgleichsflächen für den Abwasseranfall an Sonn- und Feiertagen. Die düngende Bewässerung von Grünland und in rauher Furche liegenden Ackerflächen sowie ein kombinierter Beregnungs-Berieselungsbetrieb verringern den diesbezüglichen Aufwand, lassen jedoch einen Verzicht auf Bodenfilter nicht zu.

e_4) Eine wesentliche Voraussetzung für die ganzjährig-volle Abwasserabnahme liegt ferner in der Übereinstimmung des Verwertungssolls mit der nach dem landwirtschaftlichen Wasserbedarf während der Vegetationszeit (Normaljahre) zu bemessenden Flächengröße. Die laufende Erhöhung des Abwasseranfalles macht es erforderlich, bei der Projektauswahl Erweiterungsmöglichkeiten zu überprüfen und in bestimmten Zeitabständen Ergänzungsbauten durchzuführen.

e_5) Die bisherigen Untersuchungsergebnisse über die Abwasserbeschickung von forstlichen Kulturen sind erfolgversprechend. Sie bedürfen noch einer eingehenden Ergänzung durch Angaben über die mögliche Höhe der Belastung sowie die Qualitätbeeinflussung. Mit 6–10% Flächenanteil dürfte hierbei jedoch in jedem Falle zu rechnen sein.

e_6) Die Abnahmeschwierigkeiten wachsen mit der Größe des Vorhabens. Sie können besonders bei Mischkanalisation, wenn die Abnahmepflicht den Trockenwetteranfall weit überschreitet, zu einem wirtschaftlich schwer lösbaren Problem werden. Bei Projekten von Großstädten bedarf es daher besonders eingehender Voruntersuchungen, zu denen vor allem die Überprüfung der Wasseraufnahmefähigkeit des Bodens gehört. Eine Kombination von Verwertung und künstlich biologischer Reinigung kann hier unter Umständen zweckmäßig sein, wobei beide Verfahren, wie z. B. in Berlin, Erfurt und in gewissem Umfange auch Leipzig nebeneinander arbeiten.

e_7) Stets muß auch berücksichtigt werden, daß die Landwirtschaft in erster Linie an einem hohen Meliorationserfolg interessiert ist und dementsprechend auch der Verwertungsbetrieb ausgerichtet wird. Es bedarf daher zur Einhaltung der wasserwirtschaftlichen und hygienischen Erfordernisse einer übergeordneten Überwachung im Sinne einer Schauordnung.

e_8) Die ganzjährige Abwasserabnahme stellt eine über den üblichen Maßstab von Meliorationen hinausgehende Verpflichtung dar. Sie ist im Interesse der gesamten Landeskultur und Wasserwirtschaft notwendig und hat zu Lasten des Abwassererzeugers zu erfolgen. In Anbetracht der seit dem letzten Jahrzehnt erheblich angestiegenen Bau- und Betriebskosten erscheint es erforderlich, die diesbezüglichen Richtsätze und die Kostenverteilung grundlegend zu überprüfen.

4. ZUSAMMENFASSUNG

Die Arbeit stellt sich zur Aufgabe, in Anbetracht des immer stärker werdenden Bewässerungsbedürfnisses unserer Landwirtschaft sowie des unbefriedigenden Standes der Abwasserwirtschaft in beiden Teilen Deutschlands, die Leistungen der Abwasserlandbehandlung näher zu untersuchen. Insbesondere werden die in den weiträumigen Verwertungsanlagen gewonnenen Erfahrungen in der DDR ausgewertet, die Ursachen für die nicht immer wünschenswerte Entwicklung in diesen festgestellt und entsprechende Verbesserungen vorgeschlagen.

1. Um einerseits einen möglichst lückenlosen Überblick über die in dem Entwicklungszeitraum der letzten 80 Jahre eingerichteten Anlagen zu erhalten, andererseits aber auch die bei den älteren Vorhaben angewandte Verfahrenstechnik zu erfassen und die einzelnen Entwicklungsstadien und ihre Beweggründe zu kennzeichnen, werden die vorhandenen Anlagebeschreibungen und -beurteilungen ausgewertet und in einem weitgehend geschlossenen Abriß zusammengestellt. Die aus den Betriebserfahrungen gewonnenen Ergebnisse lassen eine umfassende Beurteilung des landwirtschaftlichen Nutzeffektes und der Reinigungswirkung bei den verschiedenen Verfahren zu.

2. Es wird der derzeitige Entwicklungsstand der Abwasserlandbehandlung und ihre Leistung als Meliorationsmaßnahme sowie ihre Bedeutung im Rahmen der Abwasserwirtschaft an Hand statistischer Zusammenstellungen für beide Teile Deutschlands dargelegt. Aus vergleichenden Betrachtungen hinsichtlich der zweckmäßigen Einsatzmöglichkeiten der Verfahren sowie der Projektierungs-, Bau- und Betriebsgrundsätze ergeben sich charakteristische Abweichungen zwischen Ost und West.

a) Für die Gesamtverwertungsfläche wurde unter gewissen vorbehalten eine Größe von 55242 ha ermittelt, wo bei 43000 ha auf das Gebiet der DDR entfallen. Dies entspricht 0,3% der landwirtschaftlichen Nutzfläche Deutschlands. (DDR – 0,7%, BRD 0,1%). Auf 70% der Verwertungsfläche wird das Abwasser weiträumig verteilt, die ausgesprochenen Rieselfelder treten also zurück.

b) Der Hauptanteil an der Abwasserreinigung wird auch noch bei dem derzeitigen Stande von den Rieselfeldern übernommen. Maßnahmen zu ihrer Instandhaltung werden besonders in den Vordergrund gestellt.

c) Der Anteil des auf natürlich-biologischem Wege gereinigtenAbwassers beträgt ca. 16% des gemeindlichen Anfalls. Er beläuft sich in der DDR auf annähernd 25% gegenüber 12% in der BRD. Auf die künstlich biologischen Verfahren entfallen derzeit insgesamt nur 8–9%, wobei die Verhältniszahl für den Westteil 1,2:1 und den Osten 5:1 beträgt. Aus dem geringen Anteil einer ordnungsgemäßen Abwasserreinigung werden Schlußfolgerungen für die noch zu lösenden Aufgaben gezogen.

d) Während entsprechend der Gebietsstruktur im Bereich der DDR in den letzten Jahren Groß- bzw. Mittelvorhaben zur Durchführung gelangten, beschränkt sich die Bautätigkeit in der BRD in erster Linie auf kleinere Projekte, wobei gewerbliche Anlagen aus Finanzierungsgründen, z. T. aber auch hygienischen Rücksichten stärker in den Vordergrund getreten sind. Trotz Empfehlungen von seiten der Klärtechnik wurde lediglich eine Anlage (Bielefeld) mit hintereinander geschalteter künstlich- und natürlich- biologischer Reinigung ermittelt. Sie dient der Trinkwasserversorgung. Andererseits wird festgestellt, daß wirksame Fortschritte in der Abwasserwirtschaft nur bei sinnvoller Anwendung beider Verfahrensgruppen erreicht werden können. Weder in der Landbehandlung um jeden Preis noch der Überbewertung der klärtechnischen Verfahren wird die zukünftige Konzeption für die Weiterentwicklung in Gesamtdeutschland gesehen.

3. Zur Feststellung der Leistungen und zur realen Einschätzung der Möglichkeiten und Grenzen der weiträumigen Abwasserlandbehandlungsverfahren werden als Hauptteil der Arbeit in 28 Abwassergebieten durchgeführte Erhebungen in landwirtschaftlicher und hygienisch-wasserwirtschaftlicher Hinsicht ausgewertet. Sowohl im Hinblick auf die landwirtschaftliche Ausnutzung als auch besonders die Lösung der ganzjährigen Abwasserunterbringung weisen eine Reihe von Anlagen erhebliche Mängel auf.

An Hand von Gegenüberstellungen leistungsfähiger und unbefriedigend arbeitender Anlagen wird nachgewiesen, daß die Gründe für die aufgetretenen Schwierigkeiten nicht prinzipieller Art sind, sondern in der ungenügenden Berücksichtigung vor allem standörtlicher, technischer und betriebsorganisatorischer Erfordernisse liegen. Aus den Vorzügen und Mängeln der einzelnen Verwertungsanlagen werden Schlußfolgerungen für die künftige Einrichtung von Abwassergebieten gezogen und hierbei als ein wichtiges Moment die Berücksichtigung der standörtlichen Erfordernisse herausgestellt. Ferner werden für die erforderliche Hebung des Leistungsniveaus in einem erheblichen Teil der bestehenden Anlagen zahlreiche Verbesserungsvorschläge unterbreitet. Die Vorteile, die sich in der DDR aus der großflächig genossenschaftlichen Bewirtschaftsform für die erfolgreiche Weiterentwicklung der weiträumigen Abwasserlandbehandlung ergeben, werden besonders herausgestellt. Sie werden gemeinsam mit den Ergebnissen neuer Untersuchungen über die Mechanisierung der Bewässerungsarbeiten in einer speziellen Abhandlung noch näher behandelt.

РЕЗЮМЕ

Задача настоящей работы — изучение эффективности сельскохозяйственного использования сточных вод с учетом растущей потребности нашего сельского хозяйства в орошении а также неудовлетворительного уровня сточно-водного хозяйства в обеих частях Германии. Подведены итоги опыта, накопленного в ГДР в больших сооружениях по использованию сточных вод, изучены причины не всегда желательного развития в них и предложены соответствующие улучшения.

1. Чтобы с одной стороны получить по возможности полное представление о созданных в течение периода развития последних 80 лет сооружениях, а с другой стороны зафиксировать применяемую на старых объектах технику и охарактеризовать отдельные стадии развития и их причины, производилась оценка имеющихся описаний и оценок сооружений, что изложено в самостоятельном в большой степени очерке. Полученные в производстве результаты допускают окончательную оценку сельскохозяйственного эффекта полезного действияа, также эффекта очищения при применении разных способов.

2. На основе статистик из обеих частей Германии изложен современный уровень развития сельскохозяйственного использования сточных вод (очищение почвой) его эффективность в качестве мелиорационного мероприятия и его значение в рамках сточного водного хозяйства. Из сравнительных рассмотрений наиболее целесообразных возможностей применения разных способов, а также из принципов разработки проектов, строительства и эксплоатации видны характерные различия между востоком и западом.

а) Общая площадь использования равняется 55242 га, причем 43000 га находятся на территории ГДР. Это соответствует 0,3% сельскохозяйственных угодий Германии. (ГДР — 0,7%, ФРГ 0,1%). На 70% площади использования сточных вод они распределяются на большие пространства, так что исключительные поля орошения отступают на задний план.

б) Главный удельный вес очищения сточных вод даже при современном уровне еще приходится на поля орошения. Мероприятия для сохранения их в исправности особенно выдвигаются на первый план.

в) Удельный вес сточных вод, очищаемых естественно-биологическим способом, составляет около 16% количества, поступающего из общин. В ГДР он равняется примерно 25% по сравнению с 12% в ФРГ. На искусственно-биологические способы в настоящее время приходятся всего лишь 8—9%, причем в западной части отношение равняется 1,2 : 1, а в восточной части 5 : 1. Из незначительного удельного веса надлежащего очищения сточных вод делаются выводы для задач, решение которых еще предстоит.

г) В то время как соответственно структуре территории в ГДР за последние годы были построены крупные и средние сооружения, строительство в ФРГ преимущественно ограничивается меньшими объектами, причем промысловые сооружения по финансовым, а частью и по гигиеническим причинам выдвигались на первое место. Несмотря на рекомендации со стороны техников по отстойникам имеется только одно сооружение (в г. Билефельд), в котором имеется батарийное искусственное и естественно-биологическое очищение. Оно служит для снабжения питьевой водой. С другой стороны установлено, что заметный прогресс в сточноводном хозяйстве достигается только при разумном применении того и другого способа. Ни в очищении почвой во что бы то ни стало, ни в переоценке технических способов отстоя не заключается концепция дальнейшего развития во всей Германии.

3. Для определения эффективности и реальной оценки возможностей и пределов очищения сточных вод почвой на больших площадях в главной части работы подведены итоги, проведенных в 28 сточных зонах переписей с точки зрения сельского хозяйства и гигиены водного хозяйства. Как относительно сельскохозяйственного использования, так и решения вопроса о размещении сточных вод в течение круглого года в ряде сооружений имеются существенные недостатки.

Сопоставлением эффективных и неудовлетворительно работающих сооружений доказывается, что причины затруднений носят не принципиальный характер, а связаны с тем, что местные, технические и производственно-организационные нужды учитывались недостаточно.

Из преимуществ и недостатков отдельных сооружений сделаны выводы для будущей организации сточных зон. При этом важным моментом выдвигается учет местных потребностей. Далее для необходимого повышения эффективности многих из имеющихся сооружений внесены предложения для их улучшения. Особенно подчеркнуты преимущества, вытекающие в ГДР из кооперативной формы обработки крупных массивов для успешного дальнейшего развития очищения сточных вод почвой на больших массивах. В отдельной статье они, вместе с результатами новых исследований о механизации оросительных работ, обсуждаются еще подробнее.

SUMMARY

Considering the continuously increasing irrigation requirements of our agriculture as well as the unsatisfactory standing of sewage disposal in both parts of Germany, the author has set himself the task of going more fully into the efficiency of sewage irrigation. Especially the experiences gained in large disposal plants are evaluated in the German Democratic Republic. The causes for not always desirable developments of these plants are stated and respective improvements are proposed.

1. In order to get on the one hand an almost complete survey of the plants which were established during the period of development of the last 80 years but to detect on the other also the processes of older plants and to characterize the individual stages of development and their motives, the existing descriptions and assessments of plants are evaluated and summarized. The results obtained from operation experiences permit of a definite assessment of the agricultural efficiency and the clarifying effect of the different processes.
2. The present state of development of sewage irrigation and its efficiency as a meliorative measure as well as its importance within sewage disposal are demonstrated in the light of statistical compilations for both parts of Germany. Comparative approaches regarding the useful application possibilities of processes as well as planning, building and working principles show a characteristic difference between East and West.

a) The total utilization area amounts to 55 242 ha, 43000 ha falling into the region of the German Democratic Republic. This is equal to 0,3% of the agricultural acreage of Germany (German Democratic Republic – 0,7%, German Federal Republic – 0,1%). On 70% of the utilization area the sewage is distributed over a large area, thus the real sewage-irrigated fields are only of secondary importance.

b) Even at the present state sewage-irrigated fields manage the major part of sewage purification. Much emphasis is placed upon the measures for their maintenance.

c) The percentage of the natural-biological sewage purification amounts to about 16% of the community sewage flow. In the German Democratic Republic it amounts to approximately 25% as against 12% in the German Federal Republic. The artificial-biological methods make up at present only 8–9%, the ratio for the West being 1:2 and for the East 5:1.From the low percentage of an appropriate sewage purification conclusions are drawn for the tasks still to be solved.

d) While in compliance with the regional structure of the German Democratic Republic large resp. medium-sized projects were realized during the last years, the building activity of the German Federal Republic was confined mainly to small projects. For reasons of financing but partly also from hygienic considerations more emphasis was placed upon industrial plants. In spite of recommendation son the part of sewage works engineers there is only one plant (Bielefeld) with artificial- and natural-biological purification in series-flow. It serves the supply of drinking water. On the other hand, it was found that an effective improvement of sewage disposal can only be reached by a reasonable application of both processes. Neither land treatment, whatever it may cost, nor the overassessment of purification processes are looked upon as the future conception for the further development of all-Germany.

3. For determining the efficiency and assessing correctly the possibilities and limits of the methods in large-scale sewage land treatment, the main part of the paper deals with the evaluation of surveys which were made from the standpoint of agriculture and hygiene of water economy in 28 sewage regions.

As regards agricultural utilitazion and particularly the solution of the problem of sewage disposal throughout the year a number of plants are considerably defective In comparing efficient and unsatisfactorily working plants, ist is proved that the causes for the difficulties are not basical in nature but that they must be sought above all in the insufficient consideration of local, technical and works organisational requirements.
From the advantages and disadvantages of the individual disposal plants conclusions are drawn for the future arrangement of sewage regions. The consideration of local requirements is pointed out as an important factor. For a great part of the already existing plants numerous improvements are proposed so as to increase the efficiency. The advantages resulting from cooperative management of large areas in the German Democratic Republic for the successful further development of full-scale sewage land treatment are pointed out. Along with the results of recent investigations on the mechanization of irrigation work they are dealt with more detailed in a special paper.

5. LITERATURVERZEICHNIS

[1] ANGERER, H.: Die Abwasserverregnung in den Provinzial-Heil- und Pflegeanstalten Tapiau und Allenberg. 1930, Diss. Univ. Königsberg.

[2] ANGERER, H.: Nutzung und Wirtschaftlichkeit beim Abwasserreinigungsverfahren durch Landbehandlung. Herausgegeben vom Arbeitskreis für Feldberegnung bei der Landwirtschaftskammer Hannover, 1955.

[3] BACHMANN, G.: Die landwirtschaftliche Abwasserverwertungsanlage Memmingen. Wasserwirtschaft-Wassertechnik 1954, H. 5.

[4] BACHMANN, G., und KRÜGER, W.: Der gegenwärtige Stand der Abwasserlandbehandlung in der DDR. Wasserwirtschaft-Wassertechnik 1956, H. 12.

[5] BACKHAUS, H.: Landwirtschaftliche Versuche auf Berliner Rieselgütern. 1905, Berlin, Verl. Parey.

[6] BAROCKA, E.: Wirtschaftliche, organisatorische und finanzielle Probleme des Wasserbaues und des Meliorationswesens. 1953, München, Verl. R. Oldenburg.

[7] BAUMANN, H.: Aktuelle landwirtschaftliche Probleme der Berliner Rieselfelder. Wasser und Nahrung, 1955/56, H. 4.

[8] BAUMANN, H.: Entwicklung und Aufgaben der Forschung auf dem Gebiet der Bewässerung mit Abwasser. In: Neue Erfahrungen in der landwirtschaftlichen Abwasserverwertung. 1955, Berlin, Deutscher Bauernverlag.

[9] BAUMANN, H.: Die Landwirtschaftliche Abwasserverwertung. 1952, 2. Aufl., Berlin, Deutscher Bauernverlag.

[10] BAUMANN, H.: Möglichkeiten der künstlichen Bewässerung Sitz.-Ber. Dt. Akad. Landwirtsch. Wiss., Berlin 1954, 3, H. 9.

[12] BAUMANN, H.: Die Beregnung im Feldgemüsebau. Deutsche Landwirtschaft 1951, H. 6.

[13] BAUMANN, H.: Über den Wasserhaushalt des kulturpflanzentragenden Standortes. Sitz.-Ber. Dt. Akad. Landwirtsch. Wiss. Berlin 1954, 3, H. 1.

[14] BAUMANN, H., und OLBERTZ, M. H.: Untersuchungen über die Entwicklungstendenzen und Sorptionsfähigkeiten langjährig genutzter Rieselböden im Berliner Abwasserverwertungsgebiet. Wiss. Zeitschr. d. Humboldt-Universität, Math. Naturwissensch. Reihe, Berlin 1952/53, 2, H. 1–2.

[15] BAUMANN, H., und SCHWARZ, K.: Zusammenarbeit zwischen Wissenschaft und Praxis am Beispiel der Neuorganisation des Abwassergebietes bei Neustrelitz. Deutsche Landwirtschaft 1950, H. 4.

[16] BAUMANN, H., und SCHWARZ, K.: Planung von Abwasserverwertungsanlagen, eine Gemeinschaftsarbeit von Landwirt und Techniker. Deutsche Landwirtschaft 1952, H. 4.

[17] BERNHARD, E.: Die Rieselfeldanlagen der Stadt Brandenburg. Gesundheitsingenieur 1900.

[18] BILLIB, H.: Schauordnung für Anlagen zur Bewässerung mit Abwasser. Wasser und Boden 1952, H. 8.

[19] BILLIB, H.: Hygienische Richtlinien für die Planung, Bau und Betrieb von landwirtschaftlichen Abwasserverwertungsanlagen im Regierungsbezirk Stadt. Städtehygiene 1952, H. 1.

[20] BILLIB, H.: Technik der Bewässerung mit Abwasser. Desinfektion und Gesundheitswesen 1954, Sonderheft Hygiene u. Abwasserbeseitigung, H. 4.
[21] BIMANN, M. J.: Die Reinigung städtischer Abwässer mit Hilfe von Rieselfeldern im Vergleich zum biologischen Reinigungsverfahren. Wasser-Abwasser 1911, H. 4.
[22] BLOCH, G.: Die Wirtschaftlichkeitsfrage bei landwirtschaftlichen Meliorationen. Kulturtechniker 1941, 44, H. 1—2.
[23] BRAUSS, F. W.: Kläreffekt von Rieselfeldern und Tropfkörpern in hygienisch epidemiologischer Hinsicht. Archiv f. Hygiene und Bakteriologie, Juli 1954.
[24] BRETTSCHNEIDER, H.: Untersuchungen über die Fruchtfolgen der Abwasserwirtschaften der Stadt Berlin. 1932, Diss. Berlin.
[25] BRIX, J. zitiert aus KREUZ: Handbuch der landwirtschaftlichen Abwasserverwertung. 1938, Berlin, Verl. Dr. Ebeling u. Dr. Hiehold.
[26] BRIX, H., IMHOFF, K., und WELDERT, R.: Die Stadtentwässerung in Deutschland 1934, Bd. I, Jena, Verl. Gustav Fischer.
[27] BROUWER, W.: Die Feldberegnung. 1950, Stuttgart, Eugen Ulmer-Verl.
[28] BROUWER, W.: Abwasserverregnungsversuche in Mittelhausen bei Erfurt. Journ. f. Landwirtschaft, 1943, 89, S. 286–323.
[29] BROUWER, W.: Die Gewinnung zweier Ernten mit Hilfe der Feldberegnung. RKTL-Schriftenreihe, 1932, Nr. 30.
[30] CARL, A.: Wege und Ziele der landwirtschaftlichen Abwasserverwertung in Mitteldeutschland. Gesundheitsingenieur 1931, Nr. 56.
[31] DANCKWERTS, J.: Denkschrift über die Bildung einer Wassergenossenschaft zur wirtschaftlichen Ausnutzung der Kanalisationsabwässer der Stadt Königsberg. 1899, Verl. Emil Rautenberg.
[32] DEGEN, E.: Die städtischen Abwässer in ihrer volkswirtschaftlichen Bedeutung. 1925, Diss. Univ. Köln-Deutz.
[33] DIETZE, J.: Die Erfurter Abwasserverregnung und ihre Lehren für den Bau neuer Anlagen. In: BAUMANN, H.: Die Landwirtschaftliche Abwasserverwertung, 1952, Berlin, Deutscher Bauernverlag.
[34] DIETZE, J.: Persönliche Mitteilungen.
[35] DUNBAR, W.: Leitfaden für die Abwasserreinigungsfrage. 3. Auflage, 1954, München, Verlag R. Oldenburg.
[36] EWERT, H. G.: Betriebswirtschaftliche Fragen im Abwasserverwertungsgebiet Delitzsch. Wasserwirtschaft-Wassertechnik 1952.
[37] EWERT, H. G. Die Einstellung der Betriebsorganisation auf die Abwasserverwertung an Hand eines praktischen Beispieles. Deutsche Landwirtschaft, 1953, H. 9.
[38] FEHRENDT, W.: Untersuchungen über die Verregnung von Abwasser auf Grünland. Landw. Jahrb. 1941, H. 3.
[39] FLECK, H., und HEILMANN, A.: Die Versuchsberegnung mit Abwässern in Dresden. Gesundheitsingenieur 1925, H. 1.
[40] FRANKLAND, E. zitiert aus DUNBAR, Leitfaden für die Abwasserreinigungsfrage. 3. Aufl., 1954, München, Verlag R. Oldenburg und KREUZ, Handbuch der landwirtschl. Abwasserverwertung, 1938, Berlin, Verl. Dr. Ebeling u. Dr. Hichold.
[41] FRECKMANN, W.: Die künstliche Beregnung im Lichte der Jetztzeit. Sonderdruck, überreicht durch Fa. Lanninger, Frankfurt (Main).
[42] FRECKMANN, W., BROUWER, W., und BORCHARDT, H.: Untersuchungen über Beregnung von städtischem Abwasser und Reinwasser auf leichten Sandböden. R. K. T. L. Schriftenreihe 1933, H. 38.
[43] FRECKMANN, W., und BOHN: Die Feldberegnung als Einzelanlage oder genossenschaftlich zusammengeschlossen. Mitteilungen d. Reichsverbandes deutscher Landwirtschaftler E. V., Berlin 1939, Nr. 50.
[44] FREYTAG, B.: Tuberkulosegefährdung der Rinder auf der Weide. Mitteilung. d. DLG, 1955, H. 33.

[45] FRITZE, H.: Die Reinhaltung der Flußläufe bei der landw. Nutzung der städtischen Abwässer. Gesundheitsingenieur 1948, H. 69, 169–171.
[46] GEISSLER, W.: Kanalisation und Abwasserreinigung. Berlin 1933.
[47] GEITH, R.: Betriebswirtschaftliche Erwägungen zur Abwasserverwertung auf Grund der bisherigen Ergebnisse. Deutsche Landeskulturzeitung 1938, H. 9.
[48] GEITH, R.: Grünlandanlagen in Abwasserverwertungsgebieten. Deutsche Landeskulturzeitung 1936, Jahrg. 2, S. 299.
[49] GEITH, R., und SAJONY, A.: Abwasserverwertungsversuch auf Dauerweiden in Podelwitz b. Leipzig. Chem. Zentralblatt 1941, S. 262.
[50] GERLACH, W.: Die Ergebnisse bisheriger Versuche über die Ackerbewässerung. Mitteilungen der DLG 1925, H. 40.
[51] GERLACH, W., und GROPP, G.: Bewässerungsversuche auf leichteren und besseren Böden. Mitteilungen der DLG 1917, H. 32.
[52] GUSOVIUS, H.: Untersuchungen über die Ausnutzung der Düngerwerte verregneten Abwassers auf landw. genutzten Boden. 1933, Diss. Königsberg.
[53] HAHN, H., und LANGBEIN, F.: Fünfzig Jahre Berliner Stadtentwässerung. 1928, Berlin.
[54] HAHNE, J.: Versuchsergebnisse aus dem Arbeitskreis Abwasserverwertung. 1937 bis 1940, Manuskript, Halle [Saale].
[55] HAHNEFELD, J.: Abwasserverteilungspläne und ihre Durchführung in den Jahren 1938/39. Deutsche Landeskulturzeitung 1940, H. 3.
[56] HARMSEN, H.: Hygiene in der Abwasserlandbehandlung. Zeitschr. f. Gas- u. Wasserfach 1955, H. 16.
[57] HEILMANN, A.: Stand der Ableitung, Behandlung und Verwertung der gemeindlichen und industriellen Abwässer in Deutschland. Zeitschrift für die öffentliche Wirtschaft 1939, H. 1.
[58] HEILMANN, A.: Zweckmäßigste Art der landwirtschaftlichen Nutzung städtischer Abwässer. Gesundheitsingenieur 1933, Nr. 28, 336.
[59] HEILMANN, A.: Richtlinien für die landw. Verwertung städtischer Abwässer. Gesundheitsingenieur 1942, Nr. 35/36.
[60] HENSEL, W.: Veränderung der physikalischen Bodenverhältnisse durch Abwasserzuführung. 1935, Diss. Univ. Berlin.
[61] HESS, E.: Anweisung für Riesel- und Regenwärter. In: BAUMANN, H.: Landwirtschaftliche Abwasserverwertung. 1952, 2. Aufl. Berlin, Bauernverlag.
[62] HEYD zitiert aus BRIX, IMHOFF, WELDERT: Die Stadtentwässerung in Deutschland. 1934, 1 Bd., Jena, Verl. Gustav Fischer.
[63] HOLLER, K.: 15 Jahre Abwasservorstand Uthleben. Wasserwirtschaft-Wassertechnik 1952, H. 12.
[64] HOLLER, K.: Persönl. Mitteilungen der Projektierungsabteilung des VE Wasserwirtschaftsbetriebes Oder-Neiße, Berlin N 4, Friedrichstraße.
[65] HOLLER, K.: Kostensenkung der Beregnung durch Verwendung von Mittelstrahl-(Langsam)Regnern. Wasserwirtschaft-Wassertechnik 1951, H. 6.
[66] ILLNER, K.: Methoden und Ergebnisse experimenteller Untersuchungen der Bodenerosion. Vortrag, gehalten am 8. 3. 1956 vor der Sektion Landeskultur u. Naturschutz der DAL zu Berlin.
[67] IMHOFF, K.: Grenzen der landwirtschaftlichen Abwasserverwertung. Deutsche Wasserwirtschaft 1940, H. 9, 275–277.
[68] IMHOFF, K. zitiert aus KREUZ: Handbuch der landwirtschaftl. Abwasserverwertung. 1938, Berlin, Verl. Dr. Ebeling u. Dr. Hiehold.
[69] IMHOFF, K.: Taschenbuch der Stadtentwässerung 1954. Berlin, Verl. Technik. S. 128.
[70] IMHOFF, K.: Grenzen der landwirtschaftlichen Abwasserverwertung. Deutsche Landwirtschaft 1940, Nr. 35.

[71] JANERT, H.: Die Eignung verschiedener Bewässerungsverfahren für die Abwasserverwertung. Wasserwirtschaft-Wassertechnik 1954, H. 6.

[72] JANERT, H.: Landwirtschaftliche Abwasserverwertung durch Untergrundrieselung. Verlag für Technik und Kultur Berlin-Charlottenburg 1955.

[73] KAJET, A.: Umstellung der Abwasserwirtschaft auf Bodenertrag. Städtereinigung 1919, H. 16.

[74] KALWEIT, H.: Die landwirtschaftliche Abwasserverwertung in Sachsen. 1951, Berlin, Deutscher Bauernverlag.

[75] KALWEIT, H.: Wasserwirtschaftliche Perspektivplanung. 1951, 1. Bd., Staatl. Plankommission Berlin, Planung d. Wasserwirtschaft.

[76] KALWEIT, H.: Wasserwirtschaftliche Grenzen für die Entwicklung der Volkswirtschaft. Die Technik 1952, 7. H. 12.

[77] KALWEIT, H., BANDT, H. J., ORTLEB, W., und BAUMANN, H.: Verunreinigung der Wasserläufe in der DDR, ihre Auswirkung und Beseitigungsmöglichkeiten. Sitz.-Ber. Dt. Akad. Landwirtsch. Wiss. Berlin 1954, 3, H. 2.

[78] KEHR, D.: Die Abwasserreinigungsanlage der Stadt Münster unter besonderer Berücksichtigung hygienischer und landwirtschaftlicher Fragen. Städtehygiene 1951, H. 9.

[79] KLATT, F.: Die Feldberegnung und ihre sachgemäße Anwendung. 1955, Berlin, Verl. Technik.

[80] KLATT, F.: Anforderung der Landwirtschaft an die Beregnungstechnik. Vortrag v. d. Arbeitsgemeinschaft Melioration d. Dt. Akad. Landwirtsch. Wiss. Berlin 1956.

[81] KLEMM, G.: Über die Verregnung von Abwässern auf Weideflächen. 1938, Diss. Univ. Jena.

[82] KLOPSCH, R.: Chemische Untersuchungen über die hygienische und landwirtschaftliche Bedeutung der Breslauer Rieselfelder 1885, Landw. Jahrbücher, Nr. 14.

[83] KNOPF, H.: Die Berieselung des Bodens mit Spüljauche, ihre Wirkung auf die Zusammensetzung des Bodens mit besonderer Berücksichtigung des Kalkgehaltes. 1911, Diss. Univ. Berlin.

[84] KOHLSCHÜTTER, H.: Über den Ausgleich hygienischer und landw. Forderungen bei der Abwasserlandbehandlung. Wasser und Boden 1952, H. 1.

[85] KREUZ, A.: Die Rieselfeldanlage Dülmen. Eine genossenschaftliche Abwasserverwertung. 1919, Landw. Jahrbücher.

[86] KREUZ, A.: Leitfaden der Landwirtschaftlichen Abwasserverwertung. 1948, Hannover, Verl. Schaper.

[87] KREUZ, A.: Handbuch der landwirtschaftl. Abwasserverwertung. 1938, Berlin, Verl. Dr. Ebeling u. Dr. Hiehold.

[88] KREUZ, A.: Landwirtschaftliche Verwertung der Stadtabwässer. Deutsche Landeskulturzeitung. Sondernummer „Die landw. Verwertung d. Abwässer", 1933, H. 12.

[89] KREUZ, A.: Landwirtschaftliche Verwertung der Stadtabwässer. Deutsche Landeskulturzeitung, 1933, H. 12.

[90] KREUZ, A.: Abwasserverwertung gegen Hungersnot. 1947, Hannover, Verl. Schaper.

[91] KÖSER, A.: Veterinärhygienische Fragen der Abwasserlandbehandlung. Gesundheitsingenieur 1954, Nr. 23/24.

[92] KÖSER, A.: Landbehandlung von Abwasser in tierhygienischer Hinsicht. Wasser und Nahrung 1955, H. 2, 49–54.

[93] KRÜGER, E.: Die Kulturversuche auf dem Versuchsfeld in Bromberg. Mitteil. d. Kaiser-Wilhelm-Instituts in Bromberg 1910/11/12.

[94] KRÜGER, E.: Die Feldberegnung, 1919, Berlin.

[95] KÖNIG, F.: Die Städtekanalisation im Dienste der Landwirtschaft. Gesundheitsingenieur 1917, Nr. 43.

[96] KÖNIG, H.: Die Verunreinigung der Gewässer. 1899, Berlin, Bd. 2.

[97] KÖNIG, J., und KRAUCH, C.: Veränderungen und Wirkungen des Rieselwassers bei der Berieselung. Landw. Jahrbücher 1885, Nr. 14.

[98] LACOUR, H.: Die Reinigung städtischer Abwässer in Deutschland nach dem natürlichen biologischen Verfahren. 1914, Diss. Univ. Münster.

[99] LAUMEN. F.: Das städtische Rieselfeld. 1921, Diss., Univ. Köln.

[100] LAUX, K.: Abwasserwirtschaft durch Feldberegnung. 1932, Potsdam, Verl. E. Stein.

[101] KORTE, W.: Wann ist eine Beregnungsanlage rentabel? Wasser und Boden, 1956, H. 9, 213–316.

[102] KÖTTING, H.: Die Technik der Rieselfelder zur Nutzbarmachung der in den städtischen Abwässern enthaltenen Nährstoffe für die landw. Erzeugung. 1938. Diss. Univ. Bonn.

[103] KOSTKA, P.: Die Erfahrungen mit der Feldberegnung in Ostpreußen. Mitteilungen d. DLG 1926, Nr. 41.

[104] KUHLEWIND, C.: Die Flurbereinigung als Schrittmacher für die Feldberegnung. Wasser und Nahrung 1955, H. 1.

[105] KUMPF, W.: Über den Stand der Kommunalen Abwasserwirtschaft im Bundesgebiet. Gas- und Wasserfach 1954, 95.

[106] MAAS, K.: Fragen des Gewässerschutzes, referiert im Umschaudienst d. Akademie f. Raumforschung u. Landesplanung, 1954, H. 4.

[107] MARTINY, H.: Die Feldberegnung in Mitteldeutschland. Arbeiten d. DLG 1927, H. 354.

[108] MEISTER, K.: Erfahrungen mit der Verwertung von städtischen Abwässern bei der Delitzscher Wasserverwertungsgenossenschaft. Deutsche Bodenkultur A. G. Berlin, 1934, H. 11.

[109] MERCKEL, G.: Die Ingenieurtechnik im Altertum. 1899. Berlin.

[110] METZGER, H.: Die Bromberger Rieselfelder und ihre Vorgeschichte. Techn. Gemeindeblatt 1930, Nr. 12–18.

[111] MEYER-OSCHATZ, W.: Diskussionsbeitrag zur Abwasserhygiene anl. der Tagung für die ges. Hygiene in Leipzig 1955. Zeitschr. f. d. ges. Hygiene u. ihre Grenzgebiete, H. 2/3, 143, 1956.

[112] Meteorologischer u. Hydrologischer Dienst, Hauptamt für Klimatologie: Phänologisches Beobachtungsmaterial.

[113] MÖHLE: Das hochbelastete Belebtschlammverfahren. Korrespondenz Abwasser 1955, Nr. 12.

[114] MÜLLER, G.: Zur Frage der tatsächlichen Verseuchung von Rieselgras mit Keimen der Typhus-Paratyphusgruppe. Zentralblatt f. Bakterologie, 1954, Bd. 161, 280.

[115] NASCH, K.: Die Berliner Rieselfelder. 1916, Berlin.

[116] NEUHAUS, R.: Die landwirtschaftliche Ausnutzung und Wirtschaftlichkeit von Rieselfeldanlagen. 1927. Diss. Univ. Bonn.

[117] NEWRZELLA, B.: Die Wirkung verschieden geklärter städtischer Abwässer auf Boden und Pflanze bei Grünland. Landw. Jahrbücher 1941, Bd. 91.

[118] NEWRZELLA, B.: Aufgaben des Verwertungsbetriebes und ihre Realisierung am Beispiel der Abwasserverwertungsanlage Görlitz-Zodel. Vortrag anl. der Abwassertagung der Dt. Akad. Landwirtsch. Wiss. Berlin 23./24. 2. 1956.

[119] NEWRZELLA, B.: Bericht über die Abwasserverwertungsanlagen. Briefl. Mitteilung an d. Amt für Wasserwirtschaft v. 23. 3. 1956.

[120] NEWRZELLA, B.: Landwirtschaftliche Abwasserverwertung – auch im Winter? Wasserwirtschaft-Wassertechnik, 1955, H. 6.

[121] NEWRZELLA, B.: Betriebswirtschaftliche Gesichtspunkte bei der Abwasserplanung. In: Neue Erfahrungen bei der landwirtschaftlichen Abwasserverwertung 1955, Berlin, Deutscher Bauernverlag.

[122] NEWRZELLA, B.: Zur Aufgabe und Bezug von Abwasser in landwirtschaftlichen Verwertungsgebieten. Wasserwirtschaft-Wassertechnik 1957, H. 5.

[123] NEWRZELLA, B.: Persönliche Angaben.
[124] NEWRZELLA, B.: Beitrag zur zweckmäßigen Betriebsorganisation der Abwasserbetriebe. Deutsche Landwirtschaft 1955, H. 8.
[125] OLBERTZ, M. H.: Künstliche Bewässerung und Dynamik des Bodens. Wasserwirtschaft-Wassertechnik 1955, H. 1.
[126] ORTEGEL, W.: Die landwirtschaftliche Verwertung der Abwässer der Stadt Memmingen/Allgäu. Wasser und Boden 1954, H. 10.
[127] PAASCH, E. W.: Nicht veröffentl. Zwischenbericht über den Forschungsauftrag 501/51 des Inst. f. Landw. Betriebs- und Arbeitslehre der Univ. Halle.
[128] PAASCH, E. W.: Abwasserverwertung und betriebswirtschaftl. Aufgaben bei Planung neuer Anlagen. Deutsche Landwirtschaft 1952, H. 5.
[129] PAASCH, E. W.: Organisationsformen der landwirtschaftlichen Abwasserverwertung Wasserwirtschaft-Wassertechnik 1955, H. 11.
[130] PAASCH, E. W.: Die Kosten der Feldberegnung. Wasserwirtschaft-Wassertechnik 1955, G. 2.
[131] PAASCH, E. W.: Weitere Kostenergebnisse über die Feldberegnung. Wasserwirtschaft-Wassertechnik 1956, H. 6.
[132] PAASCH, E. W.: Einfluß der Abwasserverwertung auf die Organisation landw. Betriebe. Wiss. Zeitschr. d. Martin-Luther-Univ. Halle. math.-naturwissenschaftl. Reihe, 3, H. 1.
[133] PAASCH, E. W.: Die zweckmäßige Organisation der landw. Abwasserverwertung bei wechselnden natürlichen und wirtschaftlichen Voraussetzungen. Deutsche Landwirtschaft 1952, S. 442.
[134] PHILLIP, A.: Die künstliche Beregnung in Ostpreußen bis zum Jahre 1926, nebst Nachtrag. 1930. Diss. Univ. Königsberg.
[135] POPP, L., BAHR, H., und GÖRNANDT, J.: Bakteriologische Studien in einem Abwasserverregnungsgebiet. Wasser und Nahrung 1955, H. 2. 41–48.
[136] REINHOLD, F.: Neuere Gesichtspunkte zur landw. Abwasserverwertung. Gesundheitsingenieur 1948, H. 10.
[137] ROEMER, Th.: Probleme und Fernziele der deutschen Feldwirtschaft. Zeitschr. f. Acker- u. Pflanzenbau, **91**, H. 3.
[138] RÖMER, W.: Die Behandlung von Stadtabwasser aus Freiburg i. Br. Wasser und Boden 1953, H. 9.
[139] ROSSBERG, H.: Betriebserfahrungen bei der landw. Verwertung der Abwässer der Reichsmessestadt Leipzig. Zeitschr. Städtereinigung 1938, H. 23.
[140] RUTHS, H.: 50 Jahre Berliner Stadtgüter. 1928, Verl. Metzner.
[141] SEIFERT, A.: Über die biologischen Grenzen der landw. Verwertung städtischer Abwässer. Deutsche Wasserwirtschaft 1942, H. 35.
[142] SOMBART, W.: Die Deutsche Wirtschaft im 19. Jahrhundert. 1913, Berlin.
[143] SCHAFFER, E.: Die klärtechnische Bedeutung und landw. Verwertung von Abwässern im Hinblick auf das Verhalten darin enthaltener Mikroorganismen. Diss. Landw.-Gärtn. Fakultät d. Humboldt-Univ. Berlin, 1959.
[144] SCHARKOWITZ, K. H.: Stand der Abwasserreinigung in der DDR. Unveröffentlichter Bericht des Amtes für Wasserwirtschaft. 1950.
[145] SCHILDKNECHT, H.: Die Bestimmung der Bewässerungsbedürftigkeit in der Landwirtschaft. Kulturtechniker 1932, Nr. 35.
[146] SCHLIMME, K.: Bericht über die Abwasser- und Klärschlammversuche in Dorotheenhof im Jahre 1926. Kulturtechniker 1926, Nr. 6.
[147] SCHMAUDER, G.: Der Einfluß der Abwasserberegnung auf die Ertragsbildung schwerer Böden. In: Neue Erfahrungen in der Landw. Abwasserverwertung. 1955, Berlin, Deutscher Bauernverlag.
[148] SCHMAUDER, G.: Persönl. Mitteilungen über die letzten Versuchsergebnisse auf den Versuchsfeldern Erfurt, Mittelhausen, Etzelbach u. Kirchhasel.

[149] SCHNEIDER, R.: Die rationelle Verwertung der Stadtabwässer in der Landwirtschaft. 1931. Leipzig.
[150] SCHÖNWÄLDER, B.: Die Rieselfeldanlagen zur Reinigung städtischer Abwässer in Schlesien. Kulturtechniker 1927, H. 5.
[151] SCHONNOPP, G.: Feldberegnung und Betriebsorganisation in der Landwirtschaft. Landw. Jahrbücher 1929, H. 70.
[152] SCHONNOPP, G.: Zusammenarbeit von Landwirt und Ingenieur bei der Planung von Beregnungsanlagen. Wasser und Boden 1956, H. 2.
[153] SCHONNOPP, G.: Feldberegnung und Betriebsorganisation in der Landwirtschaft. 1925. Diss. Univ. Berlin.
[154] SCHONNOPP, G.: Die Beregnung, ihre Ziele und Erfolge. Vorträge der Wintertagung der DLG 1951 in Mainz. Archiv d. DLG 1952, Bd. 11.
[155] SCHONNOPP, G.: Die Grenzen wirtschaftl. Anwendungsmöglichkeit der Feldberegnung. Beiträge zur Förderung der Landeskultur 1931, H. 2.
[156] SCHONNOPP, G.: Bedingungen für die Wirtschaftlichkeit der Feldberegnung. R. K. T. L.-Schriftenreihe 1922, H. 30.
[157] SCHONNOPP, G.: Neue Ziele des Pflanzenbaues auf beregnetem Ackerland. R. K. T. L.-Schriftenreihe 1930, H. 13.
[158] SCHONNOPP, G.: Landbehandlung und landwirtschaftl. Nutzung der Abwässer. Kommunalwirtschaft 1954, H. 17/18.
[159] SCHREIER, F.: Die weiträumige landwirtschaftliche Abwasserverwertung für Großstädte. Gesundheitsingenieur 1951, H. 1 u. 2.
[160] SCHRÖDER, O.: Ausgeführte Abwasserverregnungsanlagen. Kulturtechniker 1932, H. 2/3.
[161] SCHWARZ, K.: Die Abwasserverregnung in der landw. Verwertungsgenossenschaft Neustrelitz. 1951. Diss. Berlin.-Wiss. Zeitschr. d. Humboldt-Uni., Jahrg. II 1952/53 math. naturwiss. Reihe Nr. 1–2.
[162] SCHWARZ, K.: Der derzeitige Stand der Ausnutzung und Reinigung des Abwasser in den Landbehandlungsanlagen der DDR und seine Verbesserungsmöglichkeiten Wasserwirtschaft-Wassertechnik 1956, H. 12.
[163] SCHWARZ, K.: Neue Erfahrungen in der landwirtschaftlichen Abwasserverwertung Teilbeitrag: Untersuchungen über die Abwasserausnutzung durch die Pflanze auf leichteren Böden. 1955, Berlin, Deutscher Bauernverlag.
[164] SCHWARZ, K.: Zusätzliche Wasserversorgung und Ertragsbildung. Deutsche Landwirtschaft 1951, H. 10, 518–520.
[165] SCHWARZ, K.: Die Möglichkeiten der Bewässerung in der Landwirtschaft und ihre zweckmäßige Durchführung. Schriftenreihe d. Dt. Akad. Landwirtsch. Wiss. Berlin f. d. LPG, H. 31.
[166] SCHWARZ, K.: Die Untergrundbewässerung im Rahmen der landw. Abwasserverwertung. Wasserwirtschaft-Wassertechnik 1955, H. 11.
[167] SCHWARZ, K.: Zur Verbesserung des genossenschaftlichen Bewässerungsbetriebes Deutsche Landwirtschaft 1952, H. 12.
[168] SCHULZ-FALKENHAIN, H.: Grundlagen für die Reinigung und Verwertung von Abwässern in der Landwirtschaft. 1947, herausgegeben v. Wirtschaftsministerium des Landes Nordrhein-Westfalen.
[169] SCHULZ-FALKENHAIN, H.: Benutzung von Waldflächen f. d. Abwasserwirtschaft. Allgem. Forstzeitschrift 1954, Nr. 49, S. 543.
[170] SCHULZE, K.: Untersuchungen zur landw. Verwertung städtischer Abwässer. – Nachweis der Flugweite und physikalischer Zustände versprühter Regentropfen. Archiv. f. Hygiene 1943, S. 244–263.
[171] STAHLKOPF, H., und HOLLER, K.: Die biologische Reinigung städt. Abwässer durch Landbehandlung. 1952, Berlin-Charlottenburg, Verl. f. Technik u. Kultur.
[172] STEIN, C.: Die landw. Verwertung städtischer Abwässer. 1937, Verl. Springer.

[173] STEIN, C.: Abwasserverwertung durch Untergrundbewässerung. Wasserwirtschaft-Wassertechnik 1952, H. 9.

[174] STEIN, C.: Bemerkungen zu Anwendung der Mittelstrahl-(Langsam-)Beregnung. Wasserwirtschaft-Wassertechnik 1952, H. 5.

[175] STRELL, M.: Die Abwasserfrage in ihrer geschichtlichen Entwicklung von den ältesten Zeiten bis zur Gegenwart. 1918, München.

[176] STRUVE, H.: Die Abwasserlandbehandlung in Deutschland, eine Übersicht. Städtehygiene 1955, H. 9.

[177] STRUVE, H.: Entwurf von Durchführungsrichtlinien für landwirtschaftliche Abwasserverwertung durch ständige Landbehandlung. Wiesbadener Tagung der ATV 1952, 1953, München, Verl. R. Oldenbourg.

[178] STRUVE, H.: Landwirtschaftliche Abwasserverwertung im Dienste einer gesteigerten Nahrungsmittelerzeugung. 1940 Diss. Univ. München.

[179] TEXTOR, H.: Die Wasser- und Bodenverbände in der Bundesrepublik. Wasser und Boden 1956, H. 3.

[180] TRAUER: Die Breslauer Abwasserbeseitigung. Der Kulturtechniker 1928, H. 3.

[181] TROSSBACH: Die Häufigkeit dürrer und nasser Monate im oberen Donaugebiet. Der Kulturtechniker 1930, H. 33. 236–243.

[182] WARMUTH, H.: Bewässerung mit Abwasser auf schwerem Boden. In H. BAUMANN: Landwirtschaftliche Abwasserverwertung. 1951. Berlin. Deutscher Bauernverlag.

[183] WEBER, O.: Die landwirtschaftliche Abwasserverwertung in der Rieselfeldgenossenschaft Delitzsch-Schenkenberg. Kulturtechniker 1934, H. 25.

[184] WEBER, O.: Erfahrungen mit der Feldberegnung in Schlesien. Landw. Jahrb. 1941, Bd. 91, H. 1.

[185] WEILAND, K.: Entwicklung und Stand der Berliner Abwasserreinigung. Wasserwirtschaft-Wassertechnik 1955, H. 7, 9 und 10.

[186] WEISKE, K.: Die Entwicklung der Rieselfeldgenossenschaft Delitzsch-Schenkenberg. In: H. BAUMANN: Landwirtschaftliche Abwasserverwertung. 1951. Berlin. Deutscher Bauernverlag.

[187] WEISE, E.: Die Verregnung städtischer Abwässer in Deutschland. Die Städtereinigung 1935, Nr. 16.

[188] WICHT, F.: Über die Entstehung und Entwicklung der Wassergenossenschaft Griesheim. Landeskulturzeitung 1938, H. 9.

[189] WIERZBICKI, J.: Rolnicze Wykorzystanie Ŝcieköw, Wroclaw, 1956.

[190] WILHELMER, J. A.: Über die landwirtschaftliche Abwasserverwertungsanlage bei Pinneberg. Wasser und Boden 1950, H. 9.

[191] WITTE, K.: Untersuchungen über den Einfluß der Niederschlagshöhe und der Niederschlagsdichte künstlicher Regengaben auf die Wasserbewegung im Boden, die Bodenstruktur und das Pflanzenwachstum. Wasser und Boden 1954, H.3.

[192] WOHLTMANN, H.: Die landwirtschaftlichen physiologischen Gesichtspunkte für die Möglichkeit der Ackerbewässerung in Deutschland. Arbeiten der DLG 1904, H. 97.

[193] WOLTER, S.: Die Samländische Rieselfeldgenossenschaft. 1930. Diss. Univ. Königsberg.

[194] WULSCH, A.: Die landwirtschaftliche Verwertung der städtischen Kanalwässer nach dem Vorbild von Eduardsfelde bei Posen. 1903 Posen, Decker u. C.

[195] WUSSOW, G.: Die Häufigkeit nasser und dürrer Sommermonate in Deutschland. Kulturtechniker 1926, Nr. 29 und 34, 1930, Nr. 33, 1932, Nr. 35, 1933, Nr. 36, 1934, Nr. 37.

[196] ZEILLER, C.: Forstwirtschaftliche Abwasserverwertung. Allgemeine Forstzeitschrift, 1953, Nr. 50, 552–554.

[197] ZILLMANN, K. H.: Abwasser und Grünland – eine Betrachtung zur weiträumigen Verwertung der Abwässer. Wasserwirtschaft-Wassertechnik, 1956, H. 6, 185–188.

[198] ZÖRNER, H.: Die Bewässerungswirtschaft im Lichte der landwirtschaftlichen Betriebslehre unter besonderer Berücksichtigung der deutschen Verhältnisse. Landw. Jahrbücher, Bd. 57, 1922.
[199] ZUNKER, F.: Die Anwendung der Feldberegnung. Kulturtechniker 1925, Nr. 28.
[200] ZUNKER, F.: Vorläufigen Berichte über die Abwasserverwertungsversuche in Schebitz. Kulturtechniker 1931, H. 5, 1932, H. 4/5.
[201] ZUNKER, F.: Die Abwasserverregnung in Deutschland. Sonderabdruck aus d. Teil B der Verhandlungen der 6. Kommission der Internationalen Bodenkundlichen Gesellschaft in Zürich 1937.
[202] ZUNKER, F.: Die Notwendigkeit und Durchführung der Verwertung der organischen Abwässer in der Landwirtschaft. 1949, Broschüre, herausgegeben vom Wirtschaftsministerium Rheinland-Westalen.
[203] ZUNKER, F.: Grundsätzliches zur· landwirtschaftlichen Abwasserverwertung. Wasserwirtschaft-Wassertechnik 1955, H. 8.
[204] Ergebnisse der Nährstoffuntersuchungen des Instituts für Landw. Versuchs- und Untersuchungswesen der Dt. Akad. Landwirtsch. Wiss. Berlin in Potsdam 1955.
[205] Der zusätzliche Wasserverbrauch in der Landwirtschaft im Bundesgebiet durch Bewässerung. Herausgegeben vom Bundesministerium für Ernährung, Landwirtschaft und Forsten, 1955.
[206] Jahresbericht der Wasserwirtschaft in der Bundesrepublik. Wasser und Boden 1954–57.
[207] Richtlinien des Deutschen Gemeindetages über die landwirtschaftliche Verwertung der städtischen Abwässer. Gesundheitsingenieur 1937, Nr. 29.
[208] Vorläufige Richtlinien des Bayrischen Staatsministeriums des Innern zur landw. Abwasserverwertung. Städtehygiene 1952, H. 4.
[209] Schriftliche Mitteilung des VEB Wasserwirtschaft Weiße Elster v. 18. 2. 1955 über durchgeführte Ermittlungen von künstlich-biologischen Reinigungsanlagen in der DDR.
[210] Stellungnahme der Sektion Landeskultur und Naturschutz der Dt. Akad. Landwirtsch. Wiss. Berlin zum Stand der Beregnungstechnik in der DDR und der Möglichkeit seiner Verbesserung.
[211] Hygienische Richtlinien zur Bewässerung und Verwendung von Abwasserrückständen DIN 19650.

TABELLE I

Statistik der Rieselfeldanlagen 1914

nach König-Lacour (ergänzt durch weitere Angaben)

Anlage	Baujahr	Zahl d. angeschl. Einwohner	täglicher Abwäss.-Anf. cbm	Größe des Verw.-Geb. ha	Einwohner-belastung ha	Abw.-Belastung ha/mm/Jahr
Danzig [1])	1871	161680	15240	300	951	3240
Breslau [1])	1881	510640	78750	1024	489	2556
Berlin	1874—1909	3025800	393541	8500	303	1404
Darmstadt	1885	87000	14000	430	202	1260
Freiburg	1890	79200	28000	204	388	4896
Liegnitz [1])	1894	66530	6736	158	421	1548
Braunschweig	1896	139500	15160	359	337	1224
Magdeburg	1896	248250	32215	480	518	2448
Zoppot [1])	1898	25000	5000	14	1800	12852
Dortmund	1899	211700	46728	649	256	2052
Königsberg [1])	1899	178700	28790	1481	120	540
Brandenburg	1900	52700	6200	90	585	2304
Cottbus	1900	40000	13380	86	465	5616
Ülzen	1900	17000	6000	57	440	3350
Celle	1903	23000	5000	9	2555	19980
Beelitz Heilst.	1903	900	1000	3	300	11988
Münster	1903	77700	12530	284	273	1620
Fürstenwalde	1904	18000	2500	24	750	3200
Bunzlau [1])	1905	14665	2090	29	505	2592
Bromberg [1])	1909	60000	4400	156	394	1008
Groß-Strehlitz [1])	1909	5500	550	16	344	1224
Stadtilm	1909	3800	380	2	1900	6840
Kreuzburg	1910	12000	1200	40	300	1080
Luckenwalde	1910	25000	4000	50	500	2800
Salzwedel	1910	15000	2250	20	750	4032
Quedlinburg	1910	28000	3000	17	1167	7200
Neuruppin	1911	16100	1150	28	575	1476
Oels [1])	1911	11000	1000	18	610	2016
Ostrowo [1])	1911	14000	800	33	420	864
Stendal	1911	27500	2500	17	1618	5292
Zerbst	1911	17000	1918	12	1440	5832
Rarvotsch [1])	1912	10000	700	60	184	432

[1]) = Anlagen außerhalb der heutigen gesamtdeutschen Grenze.

TABELLE II

Statistik der Abwasserbehandlungsanlagen 1932

zusammengestellt nach Brix, Imhoff, Weldert

Anlage	Baujahr	angeschl. Einwohner	tägl. AW.-Anfall cbm	Größe d. Verw.-Fl. ha	Einw.-Belastung ha	AW-Belastung ha/mm
Danzig [1]	1871	206500	20000	300	700	3200
Breslau [1]	1881	555000	67000	1610	310	1460
Berlin	1884	4050000	480000	10800	330	1368
Darmstadt	1885	87000	22000	600	140	1314
Freiburg i. B.	1890	86000	32000	204	420	5370
Liegnitz [1]	1894	66500	6900	155	430	1640
Braunschweig	1895	14500	20000	400	300	1400
Mahrbach	1896	200000	43400	272	n. b.	n. b.
Zoppot [1]	1898	30000	5000	14	200	13000
Dortmund	1899	219700	46728	650	250	2080
Königsberg/Pr. [1]	1899	278000	45000	800	200	900
Brandenburg	1900	58000	7000	108	500	2300
Cottbus	1900	50000	11000	86	600	5000
Ülzen	1900	25000	6000	57	440	3350
Celle	1903	25000	4500	10	2500	16000
Münster	1903	102500	13700	480	280	1095
Fürstenwalde	1904	18000	2500	24	750	3200
Beelitz Heilst.	1903	900	2000	3,5	270	20520
Bunzlau [1]	1905	15000	2500	31,5	460	2900
Gr. Strelitz [1]	1909	7900	434	17,5	450	912
Kreuzburg [1]	1910	10650	1500	52	205	1095
Luckenwalde	1910	25000	4000	50	500	2800
Salzwedel	1910	14000	1500	92	152	576
Quedlinburg	1912	26000	3000	17	1500	6570
Neuruppin	1911	20000	2800	30	670	3340
Oels [1]	1911	14500	1450	24	600	2190
Stendal	1911	29000	3000	39	740	2700
Zerbst	1911	17000	1918	12	1440	5931
Strehlen [1]	1912	10000	740	22	455	1230
Schneidemühl [1]	1912	38000	3500	n. b.	n. b.	n. b.
Heide	1912/14	10000	n. b.	10	1000	n. b.
Erkelenz	1914	6000	660	10	600	2000
Lübben	1914	7000	600	16	430	1400
Potsdam-Babelsbg. (Nowawes)	1915	28883	2350	15	1920	4600
Stuhm [1]	1915	2800	160	1	2800	5760
Bethel-Gadderb.	1914	4200	450	30	140	520
Osterode [1]	1914	16000	700	225	70	120
Bremen	1915	300000	40000	4000	310	460
Dülmen	1916	7500	750	100	75	273
Greifswald	1917	26000	2500	20	1300	3500
Riesenburg [1]	1920	4700	150	n. b.	n. b.	n. b.
Bielefeld		87000	21500	169	500	3650
Burg		22500	2500	72	312	1224

TABELLE II (Fortsetzung)

Anlage	Baujahr	angeschl. Einwohner	tägl. AW-Anfall cbm	Größe d. Verw.-Fl. ha	Einw.-Belastung ha	AW-Belastung ha/mm
Pilkallen[1])	1930	4700	350	n. b.	n. b.	n. b.
Finsterwalde	1923	10400	1000	20	500	1400
Friedberg	1925	8000	1200	n. b.	n. b.	n. b.
Bernau	1927	9000	900	15	600	2100
Nauen	1929	8000	1300	28	280	1680
Weißwasser	1929	13000	2000	28,7	450	2520
Norderney	1928	5500	1500	16	341	3380
Delitzsch-Sch.	1930	16000	1600	100	100	584
Oerlinghausen	1930	2700	300	30	100	365
Sorau[1])	1930	19500	1200	n. b.	n. b.	n. b.
Uchtspringe	1930	1835	400	20	91	720

Weitere kleine Anlagen, für die Einzelunterlagen fehlen:

Brilon	6000 Einwohner
Cronberg	3600 Einwohner
Gr. Gerau	3000 Einwohner
Hachenburg	2200 Einwohner
Helmstedt	17000 Einwohner
Ilmenau	12200 Einwohner
Kirchhellen	5768 Einwohner
Ludwigslust	7200 Einwohner
Misburg	6500 Einwohner
Nietleben	6000 Einwohner
Pfungsstadt	7813 Einwohner
Radevormwalde	6000 Einwohner
Remscheid-Lennep	10000 Einwohner
Swinemünde[1])	20000 Einwohner
Teterow	7300 Einwohner

[1]) = Anlagen außerhalb der heutigen gesamtdeutschen Grenze.

TABELLE III

Übersicht über im Bau befindliche Abwasserlandbehandlungsanlagen in der Deutschen Demokratischen Republik[1])

Anlage	Zahl der angeschl. Einwohner	tägl. Abwasseranfall	Abwasserart		Größe des Verwertungsgeb.		Jahresniederschl. mm	Boden	Kulturartenverh. Acker-Grünlage	Verwertungsverfahren	Abwasserbelastung mm/ha	Größe der Entlastungsfläche ha	Vorklärung
			häuslich %	industriell %	erschl. ha	jährl. bew. ha							
Frankfurt/O.	57000	10000	75	25	673	673	535	S.-s. L.	2,8 : 1	Beregnung	330	35	mechanisch –
Magdeburg	250000	75000	66	34	4570	4570	500	S.-L.	6,1 : 1	Beregnung u. Berieselung	492	17,5	mechanisch
Stendal-Ost	40000	10000	80	20	320	310	520	S.-l. S.	9,3 : 1	Beregnung	970	10,0	mechanisch
Gardelegen	20000	2000	80	20	200	200	510	S.	24 : 1	Beregnung	300	3,0	mechanisch –
Haldensleben	18000	3500	75	25	200	150	544	S.-L.	100 : 0	Beregnung	770	—	mechanisch mit Absetzbecken
Löbau	17000	4400	40	60	838	838	716	L.Lö.-l. S.	5,2 : 1	Beregnung (Rohrberies.)	158	14,9	grob mechanisch
Werneuchen	—	—	—	—	44	—	—	—	—	—	—	—	—
Meiningen	25000	4500	—	—	125	125		s. L.		weiträumige Berieselung	420	—	Rechen – Sandfang

[1]) Der größte Teil der Anlagen ist inzwischen fertiggestellt worden und neue Vorhaben sind im Bau.

TABELLE IV

Die Rieselfeldanlagen in der DDR (Gemeindliche Abwässer)

Zeichenerklärung:
St.B. = Stauberiesluеng
Hg.B. = Hangberieselung
Fu.B. = Furchenberieselung
R. = Rechen
Abs. = Absetzbecken

Anlage	Baujahr	angeschloss. Einwohner	tägl. Abwasseranfall cbm	Ant. der gew. Abw. %	tägliche Verwertungsmenge cbm	Einwohner Belastung ha	Abw. Belastung d. Flächen mm	Größe der Rieselfläche ha	Boden	Bewässerungsverfahren	Vorklärung	Vorwiegende Nutzung	Bemerkungen
1	2	3	4	5	6	7	8	9	10	11	12	13	14
Eberswalde Landesanstalt	1880	—	750	—	525	—	5400	3,5	S.	St.B.	R. Abs.	Gemüse	Starker Auswaschungshorizont als Folge zu starker Belastung
Berlin	1884	3500000	520000	n. b.	nicht genau erfaßbar	370	1782	11500	S.- l. S.	St.B. Fu.B. Hg.B.	R. Abs.	Gras, Gemüse, Futterhackfrüchte	Neugestaltung geplant, Rieselmüdigkeit, hygienisch und landwirtschaftlich unzureichend
Magdeburg	1892–96	210000	70000	55	40000		5500	260	S.	St.B. Fu.B.	R.	Gras, Gemüse	Ein Teil der Anlage ist kriegszerstört Eine weiträumige Anlage ist im Bau
Cottbus	1900	45000	15000	40	15000	278	3340	165	S.	St.B. Fu.B.	R.	Rieselgras	Ertragsmäßig gut Degradationserscheinungen des Boden
Brandenburg (einschl. Görden Neu-Schmerzke)	1900	70000	16400	5	16400	648	2300	85,5	S. Fu.B.	St.B. Fu.B.	R. Abs.	Gemüse, Rieselgras	Erweiterung durch Ausdehnung der Stadt notwendig
Burg	n. b.	31000	3800	20	1140	330	510	92	L.T.	Hg.B.	R. Abs.	Riseelgras, Zuckerrüben Futterhackfr. Kartoffeln	Nur teilweise Abnahme während der Vegetationszeit

Beelitz Heilstätten	1903	900	2700	15	2700	250	25000	3,5	S.	St.B.	Abs.	Mais, Gemüse	D. Abwasser wird vor der Verwertung gekocht. Rückgang d. Ertr.
Fürstenwalde	1904	21000	3000	10	2500	875	4015	24	S.	St.B.	R. Abs.	Mais, Kart., Sommer-Getreide, Mohrrüben	Rückgang der Erträge der Erhöhung des Phenolanteiles
Potsdam-Babelsberg	1907	35000	4500	10	3375	s.Sp. 14	4000	15	S.	St.B. 1)	Mech. 1)	Gras, z. T. Bodenfilter	Daneben Tropfkörperanlage
Quedlinburg	1907	37000	3000	8	1800	2176	3800	17	l. S.	St.B. 2)	R. Abs.	Futterhackfr. Gemüse	hygienische Beanstandung wegen unzureichender Reinigung
Blankenburg	1907 +29	20000	3860	5	3860	800	4600	25	S.	St.B.	R. Abs.	Futterhackfr. Kartoffeln	Kombiniert mit Tropfkörper
Stendal	1910	40000	7900	20	7900	746	5380	53,6	S.	St.B.	R. Abs.	Mais, Futterhackfrüchte	Wegen Überlastung weiträum. Verwert.-Anlage im Bau
Salzwedel	1910	25000	5020	10	2830	1200	4800	22,6	S.	St.B.	R.	Futterhackfr. Mais, Kartoffeln	
Sellin	1910–12	2500 bis 5000	250 bis 600	—	250 bis 600	830 bis 1650	4250	3	S.	St.B.	R. Abs.	Rieselgras	Neugestaltung notwendig, da Fläche überlastet
Luckenwalde	1911	30000	5400	50	5400	630	4000	47,6	S.	St.B. Fu.B.	R. Abs.	Gras	
Neuruppin	1911	26000	4800	—	4800	870	4000	36	S.	St.B. Fu.B.	R. Abs.	Futterhackfr. Mais, Gemüse	Erweit. bedürftig, da 100% Abn. n. mehr gesich.
Zerbst	1907	14000	2000	—	2000	300	1600	44	S.	St. B. Fu.B.	R. Abs.	Futterhackfr. Kartoff. Feldfr.	Erweiterung gepl.
Lübben	1914	7000	820	15	410	270	1000	26	S.	Hg.B. Fu.B.	R. Abs.	Rieselgras	Erweiterung auf 220 ha geplant
Greifswald	1915–17	34000	4500	—	3000	725	1800	47	S.	St.B. Fu.B.	R. Abs.	Rieselgras	Erw. geplant. Wegen Überlastung minderwert. Gras
Finsterwalde	1923 +51	20000	1900	30	1900	1000	2850	20	S.- l. S.	St.B. Fu.B	R. Abs.	Rieselgras, Feldfutter, Futterhackfr.	

TABELLE IV (Fortsetzung)

Die Rieselfeldanlagen in der DDR (Gemeindliche Abwässer)

Zeichen- St.B. = Staubberieselung
erklärung: Hg.B. = Hangberieselung
Fu.B. = Furchenberieselung
R. = Rechen
Abs. = Absetzbecken

Anlage	Baujahr	ange-schloss. Ein-wohner	tägl. Ab-wasser-anfall cbm	Ant. gew. Abw. der %	tägliche Verwer-tungs-menge cbm	Einwoh-ner Be-lastung ha	Abw.-Be-lastung d. Flächen mm	Größe der Riesel-fläche ha	Boden	Bewässe-rungs-verfahren	Vor-klä-rung	Vorwiegende Nutzung	Bemerkungen
1	2	3	4	5	6	7	8	9	10	11	12	13	14
Bernau	1927	10000	3000	5	1820	1040	5000	15,0	S.	St.B. (z. T. Wald)	R. Abs.	Gras	Gute Erträge
Ahlbeck	1927/28	6000	500 bis 800	—	500 bis 800	1500	4875	4		Fu.B.	R. Abs.	Gemüse	Erweiterung geplant, keine ständige Abn.
Nauen	1929	10000	1700	10	1700	310	1800	32	l. S.	St.B.	R. Abs.	Gras, Futterhackfr., Hafer	Anl. z. T. rekonstruktionsbedürftig sowie Erweiterung notwendig
Weißwasser	1929	14000	2400	30	1400	923	3360	15	S.-l. S.	St.B. Gr.B.	R. Abs.	Gras, Feldf. Futterhackfr.	Wasserverschwend. Erweiter. geplant
Beeskow	1932	5000	630	—	630	333	2700 Beregn. 5600 Beries.	15	S	St.B.	St.B. Abs.	Wiese, Feld	Zu starke Belastung
Dreetz	1939/40	500	20	—	20	1000	1460	0,5	l. S.-s. L.	St.B.	R. Abs. Sandfang	n. b.	Frühere Beregnungsanlage mit Fläche von 12 ha stillgelegt
Dranske	1937/38	1500	200 bis 300	—	200 bis 300	500	800 bis 1200	3	S.	St.B.	keine	Futterhackfr.	Erweiterung um das Fünffache geplant. Bewässer. von Dünenödland
Schwedt	1949–53	6500	450	—	450	433	1100	50	S.	Hg.B. Fu.B.	R. Abs.	Futterhackfr., Kartoff., Getr.	Wildverrieselung

[1]) = z. T. Tropfkörper [2]) = zusätzlich 3 ha Bodenfilter.

TABELLE V

Allgemeine Übersicht über die weiträumigen Landbehandlungsanlagen gemeindlicher Abwässer in der DDR

Lfd. Nr.	Ort	Baujahr	angeschl. Einwohner	tägl. Trockenwasseranfall cbm/Tag	Größe des Verw.-Geb. ha	Verwertungsverfahren	jährlich verw. AW.-menge mm/ha Soll	Ist
1.	Delitzsch-Schenkenberg	1929	25000	2500	113	Furchenberieselung (Beregnung) (Fischteiche)	750	750
2.	Leipzig-Delitzsch	1933	500000	120000	10000	Beriesel. (Beregnung)	2100	800 + B.
3.	Rudolstadt	1933	16000	2500	220	Beregnung (Berieselung)	540	480
4.	Stollberg	1936	9000	700	150	Grabenberieselung	280	280
5.	Potsdam-Golm[1])	1936	n. b.	750	140	Beregnung	520	293 + B.
6.	Erfurt	1935/36	175000	24000	863	Beregnung	1080	250
7.	Augustusburg	1936/37	700	70	28	Beregnung u. Rohrberies.	180	140
8.	Leipzig-Nord	1935/37	45500	10000	574	Berieselung u. Beregnung	1800	350 + B.
9.	Bautzen	1937/41	38774	3600	835	Beregnung (Rohrberies.)	270	218
10.	Nordhausen	1937	40000	6400	613	Beregnung u. Berieselung	369	300
11.	Zeitz	1937	38000	5730	470	Beregnung	620	360
12.	Grimma (Wiederaufbau)	1935/38	9000	540	224	Beregnung (Rohrberies.)	201	168
13.	Lommatzsch	1937/38	7000	700	170	Berieselung u. Beregnung	320	240 + B.
14.	Oschatz	1937/38	15000	3000	570	Beregnung (Rohrberies.)	1080	400
15.	Arnstadt	1937/38	23000	4000	450	Beregnung	936	250
16.	Lorenzkirch	1937/38	3300	600	82	Beregnung (Rohrberies.)	540	260
17.	Wolgast	1938	5000	700	36	Hangberieselung (Rohrberieselung)	720	250
18.	Radeberg	1938/39	17000	3000	650	Beregnung (Rohrberies.)	400	290 + B.
19.	Görlitz	1938/39	100000	14000	1038	Beregnung	460	305
20.	Arnsdorf	1938/40	5300	1700	277	Beregnung (Rohrberies.)	688	150 + B.
21.	Neustrelitz	1939/40	25000	2400	280	Beregnung	347	300
22.	Ludwigsfelde-Löwenbruch	1940	8000	540	210	Beregnung (Rohrberies.)	150	75 + B.
23.	Pritzwalk	1942	9000	1040	150	Beregnung (Rohrberies.)	250	250
24.	Halberstadt	1951/54	40000	7500	800	Beregnung	338	180
25.	Stalinstadt	1952/55	15000	2800	131	Beregnung	1200	450
26.	Jüterbog	1953/56	17000	4500	160	Beregnung	1000	300 + B.
27.	Forst (Sacro)	1950/56	33000	13000	360	Beregnung	1800	90
28.	Nossen	1939 1946/56	6000	1000	521	Beregnung	120	90

[1]) Zur Zeit außer Betrieb B = Bodenfilter.
[2]) Anlage wird zur Zeit erweitert.

TABELLE

Übersicht über die Anlagen zur Landbehandlung

Anlage	Baujahr	Herkunft des Abwassers	Abwassermenge cbm/Tag		Größe d. Verwertungsfläche/ha		Boden
			anfallend	verwertet	erschloss.	jährlich bew.	
Kyritz	1928	Stärkefabrik	8650	7000	138,4	120,5	S. –l. S.
Friedland	1930	Stärkefabrik	3000	3000	125,0	125,0	l. S.
Belzig	1934	Stärkefabrik	1300	1300	12,0	12,0	S.
Demmin	1934 /1935	Stärkefabrik	7200	2000	80,0	70,0	S. –l. S.
Loitz	1936 /1938	Stärkefabrik	5270	1000	30,0	18,0	S. –l. S.
Ketzin	1900	Zuckerfabrik	9000	9000	11,7	10,0	l. S.–s.L.
Anklam	n. b.	Zuckerfabrik	3000	3000	47,0	47,0	
Oldisleben/Thüringen	1951	Zuckerfabrik	5800	5800	235,0	190,0	L.,
Straußfurt/Thüringen	1951	Zuckerfabrik	3500	3500	70,0	70,0	t. L.
Walschleben/Thüring.	1952	Zuckerfabrik	4000	3500	100,0	100,0	L.
Laage	1953 /1954	Milchzuckerfabrik	112	112	6,0	6,0	l. S.
Ribnitz	1954 /1955	Faserplatten-fabrik	4800	4800	10,0	10,0	S.

VI

von gewerblichen Abwässern in der DDR

Abwasserbelastung mm/ha	Bewässerungsverfahren	vorwiegende Nutzung	Bemerkungen
2000	Beregnung Berieselung	Grünland, Futterhackfrüchte Kartoffeln, Gemenge, Gemüse	Starke N-Anreicherung,
720	Beregnung	Grünland, Hackfrüchte Gemüse	Saisonbetrieb
870	Beregnung	Gemüse, Futter u. So.-Getreidegemenge	Saisonbetrieb
1000	weitr. Berieselung	Acker (20 ha), Grünland (50 ha)	Saisonbetrieb
555	Beregnung	Ackerland (18 ha)	Saisonbetrieb
7200	Stauberies.	Hackfrüchte, Sommergetreide	Saisonbetrieb
600	weitr. Beries.	Acker (17 ha) u. Grünl. (30 ha)	Saisonbetrieb
300	weitr. Berieselung	Grünland	Abwasserverteilung unbefriedigend. Flächenplanierungen notwendig. Saisonbetrieb
500	weitr. Berieselung	Grünland, Hackfrüchte	Saisonbetrieb, -Abwasserverteilung unbefriedigend. Anlage ist ausbaubedürftig.
400	weitr. Berieselung	Hackfrüchte, Getreide	Saisonbetrieb. Anlage arbeitet einwandfrei
680	weitr. Berieselung	Grünland	ganzjährig
14000	Stauberieselung	Ödlanderschließung	später Anlage von Grünland

TABELLE VII

Zusammenstellung der Abwasserlandbehandlungsanlagen in der Bundesrepublik

(Stand 1955; nach Struve, ergänzt durch weiteres Material von Angerer)

a) gemeindliche Abwässer

Lfd. Nr.	Anlage	Land	Baujahr	Größe der Verw. Fläche	AW-Menge tcbm /Jahr	AW-Belastung mm/ha
1.	Darmstadt-Griesheim	Hessen	1885	218	4150	1903
2.	Dortmund	Nrh. W.	1899	1000	18000	1800
3.	Weiterstadt	Hessen	1900	350	2555	730
4.	Freiburg i. B.	Bd. W.	1900/50	270	14600	5407
5.	Braunschweig	N. Sa.	1900	430	13900	3200
6.	Uelzen	N. Sa.	1900	57	2556	3350
7.	Lüneburg, Anst.	N. Sa.	1900	3,5	89	2550
8.	Münster	Nrd. W.	1901/03	500	5000	1000
9.	Celle	N. Sa.	1909	11,8	1800	16000
10.	Borkum,	N. Sa.	—	14	438	3120
11.	Mosburg	N. Sa.	—	2	18,3	9150
12.	Dülmen	Nrd. W.	1914/16	100	500	500
13.	Waltrop	Nrd. W.	1914/17	112	300	268
14.	Bethel b. Bielefeld	Nrd. W.	—	30	400	1333
15.	Bremen	Bremen	1915/27	4000	15000	375
16.	Norderney,	N. Sa.	1928/49	45	401,5 1500	892
17.	Oerlinghausen	Nrd. W.	1931	12	50	417
18.	Hachenburg	Rh. Pf.	—	16	102	638
19.	Werne/Lippe	Nrd. W.	1933/51	60	200	333
20.	Detmold	Nrd. W.	1935/39	40	2100	5250
21.	Gütersloh	Nrd. W.	1936/37	120	1100	917
22.	Schleswig, Ld. Khs.	Schl. H.	1936	110	117	106
23.	Unna	Nrd. W.	1938	90	1300	1400
24.	Goslar-Lerstedt	N. Sa.	1938	31	183	828
25.	Bardowick	N. Sa.	1938	45	1500	3300
26.	Coesfeld	Nrd. W.	1939/51 1952	100	1500	1500
27.	Ibbenbüren	Nrd. W.	1939/52	80	400	500
28.	Lemgo	Nrd. W.	1939	20	500	2500
29.	Rochushospital Telgte	Nrd. W.	1939/40	5	30	600
30.	Pinneberg	Schl. H.	1940	58	127,7	220
31.	Hamburg-Rissen Krankenhaus	Hamburg	1940/48	73	292	400
32.	Wolfsburg	N. Sa.	1941	500	1752	300
33.	St. Rafaelsstift Dormagen	Nrd. W.	1942/52	13	50	380
34.	Halle i. Westf.	Nrd. W.	1947	10	120	1200
35.	Quettingen	Nrd. W.	1947	20	20	100

TABELLE VII (Fortsetzung)

Lfd. Nr.	Anlage	Land	Baujahr	Größe der Verw. Flächen	AW-Menge tcbm /Jahr	AW-Belastung mm/ha
36.	Heppenheim, Lds. Heilanstalt	Hessen	1949	1,5	44	2900
37.	Hohenbudberg-Krefeld	Nrd. W.	1950	15	50	333
38.	Stade	Schl. H.	1950	33	1000	150
39.	Neuenkirchen	Bremen	1950	16	66	350
40.	München-Eglfink u. Großleppen	Bayern	1950/55	108	60	400
41.	Hommelsheim	Nrd. W.	1951	5	20	400
42.	Rummelsberger Anst.	Bayern	1951	13	54	416
43.	Fürth-Gadolzberg u. Zirndorf	Bayern	1951/52	28	80	286
44.	Knechtsteden	Nrd. W.	1952	10	40	400
45.	Beilngries	Bayern	1952	76	280	368
46.	Redwitz a. d. Rod.	Bayern	1952	12	35	291
47.	Feucht, Nürnberg	Bayern	1952	12,5	130	1040
48.	Galkhausen	Nrd. W.	1952/53	15	200	1333
49.	Obertraubling	Bayern	1952/55	225	210	93
50.	Rothenburg	Bayern	1953	105	210	200
51.	Memmingen	Bayern	1953	40	3285	547
52.	Herrieden	Bayern	1953	22	90	409
53.	Gochsheim	Bayern	1953	30	135	450
54.	Windsheim	Bayern	1953	64	290	453
55.	Achim	N. Sa.	1953	17,5	51	300
56.	Königshofen	Bayern	1954	20	80	400
57.	Siedl. St. Afra	Bayern	1955	4	30	750
58.	Mindelheim	Bayern	1955	115	540	469
59.	Flugpl. Rotenbrug	N. Sa.	—	39,5	—	—
60.	Bielefeld	Nrd. W.		169	3600	2130

Weitere kleinere Anlagen, für die Einzelunterlagen fehlen, sind nicht mit aufgeführt.

TABELLE VIII

Zusammenstellung der Abwasserlandbehandlung in der Bundesrepublik, Stand 1955

(nach Struve)

b) gewerbliche Abwässer

Lfd. Nr.	Anlage	Land	Baujahr	Herkunft der Abwässer	AW-Menge tcbm /J.	Größe d. Vw. Fl. ha	AW-Belastung ha
1.	Hoffmanns St. Fa.	Nrh. W.	1886	Stärkefabrik	1800	100	1800
2.	Ibbenbüren	Nrh. W.	1928/51	„	220	25	888
3.	Sünching, Regensburg	Bayern	1951	„	180	95	190
4.	Schrobbenhausen	Bayern	1951	„	300	260	115
5.	Dingelbe	N. Sa.	1900	Zuckerfabrik	96	46	208
6.	Sehnde	N. Sa.	—	„	—	15	—
7.	Lehrte	N. Sa.	—	„	—	15	—
8.	Fallersleben	N. Sa.	—	„	—	28	—
9.	Euskirchen	Nrh. W.	1950	„	500	110	454
10.	Barum	N. Sa.	1951	„	41	13	315
11.	Jülich	Nrh. W.	1952	„	700	26	2700
12.	Gr. Munzel	N. Sa.	1953	„	112	85	132
13.	Söllingen	N. Sa.	1953	„	15	15	100
14.	Darmstadt, St. Dom.	Hess.	1900	Molkerei	2190	285	770
15.	Ostbevern	Nrh. W.	1939/52	„	40	12	333
16.	Fütig, Kr. Lemgo	Nrh. W.	1942/43	„	40	1	4000
17.	Grevenbrück	Nrh. W.	1949	„	40	9	444
18.	Reichertshausen	Bayern	1950	„	80	42	191
19.	Schaafwinkel	N. Sa.	1950	„	8	5	160
20.	Emtinghausen	N. Sa.	1950	„	17	6	283
21.	Millingen	Nrh. W.	1950	„	20	15	133
22.	Laer	Nrh. W.	1950/51	„	50	6	833
23.	Thedinghausen	N. Sa.	1951	„	9	4	225
24.	Dorum	N. Sa.	1951	„	25	6	415
25.	Neuenkirchen	Nrh. W.	1951	„	25	5	500
26.	Heiligendorf	N. Sa.	1951	„	7	3,25	219
27.	Hanstedt	N. Sa.	1952	„	4,3	3	143
28.	Martfeld	N. Sa.	1952	„	11	4,5	244
29.	Ohlendorf	N. Sa.	1952	„	18	4,3	418
30.	Hönnepel	Nrh. W.	1952	„	20	10	200
31.	Triesdorf	Bayern	1953	„	55	19	289
32.	Künzebeck	Nrh. W.	1938	Flachsröste	100	25	400
33.	Oberau, Staffelst.	Bayern	1952	„	n. Bed	46	—
34.	Bielefeld	Nrh. W.	1951/53	Textil AW.	3000	90	3333
35.	Starneck	Bayern	1949	Färberei	360	140	257
36.	Sinsenich	Nrh. W.	1952	Strohpappen	120	15	800
37.	Uttenreuth	Bayern	1951	Nährmittel	200	100	200
38.	Heek	Nrh. W.	1947	Tierkör. Verw.	15	12	125

TABELLE IX

Übersicht über die natürlichen und landwirtschaftlichen Verhältnisse in den weiträumigen Abwasserlandbehandlungsanlagen der DDR

Anlage	Niederschläg. mm	Bodengüte	⌀ Beteiligungsverhältnis – %	Größe der Vertragsfläche		Acker-Grünlandverhältnis
				erschlossen	jährl. bewässert	
leichter Boden						
Görlitz	650	S. -l. S.	65	1038	1038	5,8:1
Arnsdorf	780	S. -s. L.	25	277	90	1:9
Lorenzkirch	590	S. -l. S.	13,5	82	40	2:1
Augustusburg	880	S. -s. L.	30	28	15	1,7:1
Delitzsch-Schenkenberg	590	l. S.	30	113	113	1,5:1
Neustrelitz	654	S.	80	280	280	11,5:1
Ludwigsfelde	570	S. -l. S.	60	210	132	100:0
Stalinstadt	500	S. -l. S.	50	131	71	4,9:1
Jüterbog	525	S. -l. S.	60	160	160	100:0
Wolgast	586	S. -l. S.	70	36	36	9:1
mittlerer Boden						
Oschatz	630	l. S.-L.	35	570	100	1:4
Stollberg	860	h.-s. L.	25	150	90	0:100
Erfurt	495	l. S.-s. L.	45—50	863	863	15:1
Rudolstadt	532	s. L.	35	220	160	1:3,5
Nordhausen	500	s. L.	Berieselung 15 Beregnung 40	613	613	1,9:1
Leipzig-Nord	616	L.-s. L.	25—35	574	200	1,5:1
Leipzig-Delitzsch	610	s. L.-L.	10—15	10000	2000	2,5:1
Radeberg	770	l. S.-s. L.	30	650	275	1:6,7
Pritzwalk	600	l. S.-s. L.	25	150	150	1:19
Forst	580	l. S.-s. L.	65	360	247	3,5:1
schwerer Boden						
Bautzen	700	h. L.	10	835	450	1:4
Grimma	650	L.-T.	20	224	96	1:1
Lommatzsch	650	L.	25	170	80	1:2
Arnstadt	537	T.	40	450	150	44:1
Zeitz	550	L.	60	470	320	1:5
Halberstadt	498	h. L.	60	800	800	7:1
Nossen	653	Lö. L.	10—20	521	100	6:1

TABELLE X

Übersicht über die Abwasserverhältnisse in den weiträumigen Abwasserlandbehandlungsanlagen der DDR

Unter Verwendung von Angaben von Kalweit, Dietze und einer gemeinsam vom Verfasser mit dem Institut für Wasserwirtschaft durchgeführten Erhebung

Anlage	Kanalisations-verhältnisse	% Abwasser häusl.	% Abwasser gewerbl.	Gehalt in mg/l Ges.N.	P_2O	K_2O	Unter-suchungs-zeitraum	Vorklärung
Leichter Boden								
Görlitz	Trennsystem	80	20	90	7,8	22,0	1936–1941	Rechen, Sandfang Sammelbecken m. Abs. wirk.
Arnsdorf	unvollk. Trenn-system	80	20	n. b.	n. b.	n. b.	—	Rechen, Sandfang, Sammelbecken m. Abs. wirk.
Lorenzkirch	unvollk. Trenn-system	99	5	86,5	20,5	85,0	1936	Rechen, Sammelbecken m. Abs. wirk.
Augustusburg	Mischsystem	100	—	n. b.	n. b.	n. b.	—	Rechen, Sandfang, Sammelbecken m. Abs. wirk.
Delitzsch-Schenkenberg	Mischsystem	90	10	45,4	5,0	20,7	1952	Rechen, Sandfang, Sammelbecken m. Abs. wirk.
Neustrelitz	Mischsystem	100	—	55,0	7,6	34,0	1954	Rechen, Sandfang, Sammelbecken m. Abs. wirk.
Ludwigsfelde	unvollk. Trenn-system	50	50	n. b.	n. b.	n. b.	—	Rechen, Sandfang, Absetz- u. Sammelbecken
Stalinstadt	Trennsystem	100	—	n. b.	n. b.	n. b.	—	Rechen, Sandfang, Emscher-brunnen, Sammelbecken
Jüterbog	Trennsystem	100	—	n. b.	n. b.	n. b.	—	Rechen, Sandfang, Sammelbecken m. Abs. wirk.
Wolgast	Trennsystem	60	40	n. b.	n. b.	n. b.	—	Rechen, Absetzbecken
			—				—	Rechen
Mittlerer Boden								
Oschatz	Mischsystem	67	33	n. b.	n. b.	n. b.	—	Rechen, Sandfang, Sammelbecken m. Abs. wirk.
Stollberg	Mischsystem	93	7	n. b.	n. b.	n. b.	—	keine

Erfurt	Mischsystem	85	15	49,6	13,0	38,7	1953–1954	Rechen, Sandfang, Absetz- und Speicherbecken
Rudolstadt	Mischsystem	70	30	47,0	8,4	27,4	1952–1954	Rechen
Nordhausen	Trennsystem	60	40	45,0	21,0	60,0	1954	Rechen, Sandfang, Sammelbecken m. Abs. wirk.
Leipzig-Nord	Mischsystem	75	25	53,9	9,0	47,0	1952–1955	Rechen, Sandfang, Flachbecken
Leipzig-Delitzsch	Mischsystem	75	25	53,9	9,0	47,0	1952–1955	Rechen, Sandfang, Sammelbecken m. Abs. wirk.
Radeberg	Mischsystem	40	60	60,0	18,0	60,0	1940	Rechen, Sandfang, Sammelbecken m. Abs. wirk.
Pritzwalk	Trennsystem	40	60	n. b.	n. b.	n. b.	—	Rechen, Sandfang
Forst	Trennsystem	35	65	51,0	5,0	n. b.	n. b.	Rechen, Sandfang, Absetzbecken
Schwerer Boden								
Bautzen	$^2/_3$ Mischsystem	70	30	90,0	28,0	128,0	1941	Rechen, Sandfang
Grimma	Mischsystem	85	15	89,0	20,0	40,0	1945	Rechen, Sandfang, Sammelbecken m. Abs. wirk.
Lommatzsch	Mischsystem	50	50	90,0	20,0	80,0	1938	Rechen, Sandfang, Sammelbecken m. Abs. wirk.
Arnstadt	Mischsystem	50	50	57,0	15,0	45,0	1952–1954	Rechen, Sandfang, Sammelbecken m. Abs. wirk.
Zeitz	Mischsystem	70	30	n. b.	n. b.	n. b.	—	Rechen, Sandfang, Sammelbecken m. Abs. wirk.
Halberstadt	$^2/_3$ Mischsystem	45	55	56,0	9,6	31,0	1954–1955	Rechen, Sandfang, Absetzbecken
Nossen	Mischsystem	60	40	50,0	14,0	40,0	1939	Rechen, Sandfang Absetzbecken
Gewerbl. Anlagen (sow. Angaben vorhanden)								
		Stärkefabrik		107,0	94,0	55,0	1954	Absetzbecken
Friedland		Zuckerfabrik		27,0	2,6	150,0	1954	,,
Straußfurt		,,		44,0	4,0	125,0	1954	,,
Walsleben		,,		17,0	1,0	153,0	1954	,,
Oldisleben								

TABELLE

Übersicht über die technischen Voraussetzungen und Durchführung des Bewässerungs

Anlage	Verteilungs-verfahren	Zahl der Reg.-Anlagen	Größe d. Anlag.-Bez. bezogen auf erschl. Fläche ha	jährl. bew. Fläche ha	Länge der Reg.-Ltg. in m p. Anl.	p. 10 ha
a) Vorwieg. Beregnung leichter Boden						
Görlitz	Beregnung	11	79	79	540	69
Arnsdorf	Beregnung (Rohrberiesl.)	2	148	45	510	113
Lorenzkirch	Beregnung (Rohrberiesl.)	1	82	40	702	175
Augustusburg	Beregnung (Rohrberiesel.)	1	28	15	180	135
Neustrelitz	Beregnung	4	70	70	570	78
Ludwigsfelde	Beregnung	1	210	132	1362	104
Stalinstadt	Beregnung	3	44	23	915	399
Jüterbog	Beregnung	6	25	25	1060	420
Mittlerer Boden						
Oschatz	Beregnung (Rohrberiesl.)	2	250	50	675	135
Erfurt	Beregnung	45	20	18	275	140
Rudolstadt	Beregnung (Beriesl.)	3 (vollbew.)	60	53	400	80
Nordhausen	Beregnung (Beriesel.)	8	75	75	700	91
Radeberg	Beregnung (Rohrberiesl.)	5	130	55	500	91
Pritzwalk	Beregnung (Rohrberiesl.)	2	75	75	350	48
Forst	Beregnung	2 (z.T.voll-bewegl.)	180	123	1400	113
Schwerer Boden						
Bautzen	Beregnung (Rohrberiesel.)	5	170	90	464	52
Grimma	Beregnung	3	75	32	290	95
Lommatzsch	Rohrberiesel. (Beregnung)	1	170	60	984	164
Arnstadt	Beregnung	21	26	12	310	370
Zeitz	Beregnung	4 (z.T.voll-bewegl.)	115	80	600	75
Halberstadt	Beregnung	18	44	44	120–300	65
Nossen	Beregnung	2	n. b.	50	250	50
b) Vorwieg. Berieselung						
Delitzsch-Schenkenberg	Furchenberiesl (Beregnung)	—	Wärterbez.-Größe 100	100	—	—
Wolgast	Hangberiesel. (Rohrberisl.)	—	—	—	—	—
Leipzig-N.	Berieselung (Beregnung)	(vollbew.) 5	270	100	wegen größtenteils betriebes nicht	
Leipzig-Delitzsch	Berieselung (Beregnung)	(vollbew.) 3	12–1500	150	wegen fast ausschließ nicht ver	
Stollberg	Hangberiesl.	—	150	137	,,	

XI

betriebes in den weiträumigen Abwasserbehandlungsanlagen in der DDR

Zeichenerklärung:
W = Weitstrahlregner
M = Mittelstrahlregner
L = Schwachregner

Ø der Leitung mm	Anzahl der Regner p. Anlage	p. 10 ha	Bed. Pers.	Bew. Menge p. Einzelg. mm Acker	Grünl.	Zahl der Umtriebe bei Grünl.	Blattf.	Halmf. während der Vegetationszeit	Betriebszeit Jahr	Stunden (täglich)
80/100	3 W Ferner Schwachber.	0,44	13	50	75	3–4	2–4	2	ganzj. außer streng. Frost	8
100	2,5 W	0,56	2	50	70	2	—	1 —	kein Betr. im Winter	8
100	4 W	1,0	1	60	60	3	—	1 —	ganzj. außer stark. Frost	8
70	2 W	1,3	1	je nach AW-Anfall (Kurort)					10 Monate	8
				←	←					
80/100	3,5 W Fern.Mittelstarkber.	0,5	5	35	60	3	2—3	1—2	ganzj.	8
80/100	12 W	0,9	2	30	—	—	1—2	1	250 Tage	8
80/100	Schwachberegnung		3	30	50	3—4	2	2	ganzjähr.	$8^1/_2$—16
80/100	Schwachberegnung		6	30	50	4	3	2	Veget. Zeit	$8^1/_2$
100	2,5 W	0,5	2	80	80	2—3	1—3		im Winter eingeschränkt	8
80/100	1,5 W	0,7	12	30—40	60	3	1—2	1	270—300 Tage	$8^1/_2$
80/100	2,5 W	0,45	5	30	50	Weide 5-6 Wiese 2	2—3	—	ganzjähr.	16
80/100	3 W ferner Vierwegedüs.	0,4	9	60	80	5—6	2—3	1	ganzj. Beriesel. im Winter	8 bis 16
80/100	4 W	0,87	5	80	120	2—3	1	1	im Winter eingeschr.	8
80/100	4 W	0,57	1	40	80	3	1	—	ganzjähr.	8
80/100	14 M	1,2	2-3	40	50	4	1—2	—	nach Bedarf	8
100	4 W	0,4	6	45	90	2—3	2	1—2	ganzjähr. auß. Frostz.	8
80/100	2 W	0,63	n. b., da Anlage erst wieder in Betrieb geht						300 Tage	7
100/125	2 W	0,33	1	80	80	3	2	—	ganzjähr. außer Frostz.	8
80/100	2 W	1,7	3	40–60	40–60	3	1–3	1	Mai-September	9
80/100	2 W	0,25	9	40–60		3	1	—	300 Tage, in Sais.	16
80/100	Schwachberegnung		13	20–30	60	4–5	1	1 Vorr.-Ber.	9 Monate	8
80/100	3 W	0,8	2	20–30	40	3	1–2	—	10 Mon. bis auf Frostz.	8
—	—	—	1	60	80	10–12	5–6	—	ganzjährig.	14—16
—	—	—	1	—	—	—	—	—	je nach Bedarf	—
durchgeführten Berieselungs- vergleichbar			2	Beries. 80 Bereg. 30	120 60	3—4	2	—	Ø 280 Tage	12
lichem Berieselungsbetrieb gleichbar			14	Ber. 100 Bereg. 80	200 120	3—5	2—3	1	270–300 Tage,	8–24
,,			1	—	100	19	—	—	ganzjähr.	8

TABELLE

Übersicht über den Reinigungserfolg und die Berücksichtigung der hygienischen Belange

Anlage	Entlastungsflächen Größe ha	Entlastungsflächen %Ant. a. Bew. Fl.	Besch. höhe mm	Acker-Grünl. Verh.	%Ant. d. nicht jährl. verw. AW
Leichter Boden					
Görlitz	—	—	—	5,8 : 1	34
Arnsdorf	0,22	0,07	—	1 : 9	78
Lorenzkirch	—	—	—	2 : 1	53
Augustusburg	—	—	—	1,7 : 1	22
Delitzsch-Schenkenberg	Fischteiche		—	1,5 :1	0
Neustrelitz	—	—	—	11,5 : 1	8
Ludwigsfelde	4,1	0,7	7000	100:0	50
Stalinstadt	—	—	—	4,9 :1	5
Jüterbog	10	16	7300	100 :0	45
Wolgast	0,15	0,4	12000	9 : 1	66
Mittlerer Boden					
Oschatz	—	—	—	1 : 4	63
Stollberg	—	—	—	0 :100	0
Erfurt	3 Filtb. v.8600 cbm	—	n. b.	15 : 1	77
Rudolstadt	—	—	—	1 : 3,5	10
Nordhausen	—	—	—	1,9 : 1	18
Leipzig-Nord	früher 3 jetzt 0	—	—	1,5 : 1	80
Leipzig-Delitzsch	30	2,0	n. b.	2,5 : 1	52
Radeberg	0,5	0,07	n. b.	1 : 6,7	27
Pritzwalk	—	—	—	1 : 19	0
Forst	—	—	—	1,5 : 1	92

XII

in den Abwasserlandbehandlungsanlagen der Deutschen Demokratischen Republik

Reinig. bei Nichtverwertung	Sauberkeit Zustand d. Vorfluters	Hygienische Beanstandung	Datum d. letzt. hyg. Untersuchung	Behandlung d. Klärschl.	Verwertung d. Klärschl.
mech.	ausreich. (Neiße)	unzureich. Vorreinig. (1945)	1945	Ausf. u. Trockn.	Verkauf an Landwirtschaft
mech.	ungenüg. (Schw. Röd.)	ungen. Reinig. d. zu gering. Ab.	n. b.	keine	Verregnung u. Verrieselung
mech.	ausreich. (Elbe)	keine Beschwerden	1936	Ausf. u. Trockn.	Verkauf an Landwirtschaft
mech.	ausreich. (Zschopau)	keine Beschwerden	n. b.	keine	Verregnung u. Verrieselung
mech. Fischteich	gut (Loberbach)	keine	5. 1955	keine,	keine
mech.	ausreich. (Zierker See)	Gemüsebew.	28. 10. 55	keine	Verregnung
mech. z.T. Bodenf.	kein Vorflut.	—	—	keine	Verregnung
grob mech.	Oder-Spree-Kanal, schl.	keine	8. 1955	Ausfaulung	Rohrverrieselg.
voll mech. Bd. Filt.	ausr. (Nuthe)	keine	6. 1955	Ausfaulung	Verkauf an Landwirtschaft
mech. Bodenfilter	ungenügend (Zierk)		5. 1954	keine	—
z. T. mech.	ungenügend (Döllnitz)	ungenügende Reinigung	1941	Ausfaulg. u. Trock.	Verkauf an Landwirtschaft
—	ausreich. (Würschn.)	keine	n. b.	keine	Verrieselung
mech. z. T. Filter	ungenügend (Gera)	ungen. Abnahme	4. 1955	Auslg. u. Trockn.	Verkauf an Landwirtschaft
grob mech.	ausreichend (Haselbach)	keine	15. 6. 55	keine	Verregnung Verrieselung
grob mech.	ausreich. (Helme)	keine	4. 8. 54	keine	Verregnung
mech.	sehr schlecht (Ind. AW Elst.-Lupp.)	unzureich. Abnahme	keine	keine	Ablagerung in alten Lehmgruben
grob mech. z.T. Bd. Filt.	ungenügend (Elst. Luppe)	unzureichende Vorklär. u. Abn.	12. 1955	z. T. Ausfl.	Verk. a. Landw., z.T. Verrieselg.
mech. z. T. Bd. Filter	ausreich. (Röder)	keine	1941	keine	Verregnung u. Rohrberieselg.
grob. mech.	ausreichend	unzureichende Vorklärung	6. 1955	keine	Verregnung
voll mech.	ungenügend (Neiße)	—	—	Ausfaulg.	Verkauf an Landwirtschaft

TABELLE XII

Anlage	Entlastungsflächen Größe ha	Entlastungsflächen %Ant. a. Bew. Fl.	Entlastungsflächen Besch. höhe mm	Acker-Grünl. Verh.	% Ant. d. nicht jährl. verw. AW
Schwerer Boden					
Bautzen	—	—	—	1 : 4	21
Grimma	—	—	—	1 : 1	z.Zt. nicht voll in Betrieb
Lommatzsch	1,5	0,9	10000	1 : 2	25
Arnstadt	Filter-becken	—	n. b.	44 : 1	74
Zeitz	Filter vorhanden	n. b.	n. b.	1 : 5	18
Halberstadt	—	—	—	7,0 : 1	47
Nossen	—	—	—	6 : 1	z. Zt. 50

(Fortsetzung)

Reinig. bei Nichtverwertung	Sauberkeit, Zustand d. Vorfluters	Hygienische Beanstandung	Datum d. letzten Untersuchung	Behandlung des Klärschl.	Verwertung d. Klärschlamms
grob mech.	ungenügend (LöbauerW.)	ungenügende Reinigung	1941	keine	Verregnung
mech.	ungenügend (Mulde)	ungenügende Reinigung	1939	Ausfaulg. Trocknung	Verkauf an Landwirtsch. u. Gärtnereien
mech. z. T. Bd. Filter	ausreichend (Keppritzb.)	keine	1938	keine	Verregnung
mech., z. T. Filterbecken	ungenügend (Gera)	Gemüsebew. u. ungen.Abnahm.	22. 6. 55	keine	Verregnung
mech.	befriedg. (Brabag)	Gemüsebew.	n. b.	keine	Humusanreich. d. Gründlandes
voll mech.	ungenügend (Holtemme)	zu geringe Abnahme	12. 1955	Ausfaulg.	Verkauf an Landwirtsch.
grob. mech.	sehr schlecht	ungenügende Vorklärung u. Abn.	1955	keine	Verregnung

FSC
www.fsc.org
MIX
Papier | Fördert
gute Waldnutzung
FSC® C083411

Kolibri 360 GmbH
Ferdinand-Jühlke-Straße 7
99095 Erfurt, Deutschland
produktsicherheit@kolibri360.de